U0325586

人类对月球的开发

走进科学·天文世界丛书

RENLEI DUI YUEQIU DE KAIFA

本书编写组◎编

"走进科学"让我们了解科学的精神，具有科学的思想，激励我们使用科学的方法，学到科学的知识。人的生命和大自然息息相关，让我们走进多姿多彩的大自然，了解各种生物的故事踏上探索生物的旅程。

ZOUJIN KEXUE
TIANWEN SHIJIE CONGSHU

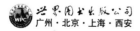世界图书出版公司
广州·北京·上海·西安

图书在版编目（CIP）数据

人类对月球的开发／《人类对月球的开发》编写组
编著 . — 广州：广东世界图书出版公司，2010 .2 （2024.2 重印）
ISBN 978 - 7 - 5100 - 1572 - 4

Ⅰ.①人… Ⅱ.①人… Ⅲ.①月球探索 – 青少年读物
Ⅳ.①V1 – 49

中国版本图书馆 CIP 数据核字（2010）第 008239 号

书　　　名	人类对月球的开发	
	RENLEI DUI YUEQIU DE KAIFA	
编　　　者	《人类对月球的开发》编写组	
责任编辑	左先文	
装帧设计	三棵树设计工作组	
出版发行	世界图书出版有限公司　世界图书出版广东有限公司	
地　　　址	广州市海珠区新港西路大江冲 25 号	
邮　　　编	510300	
电　　　话	020–84452179	
网　　　址	http://www.gdst.com.cn	
邮　　　箱	wpc_gdst@163.com	
经　　　销	新华书店	
印　　　刷	唐山富达印务有限公司	
开　　　本	787mm × 1092mm　1/16	
印　　　张	10	
字　　　数	120 千字	
版　　　次	2010 年 2 月第 1 版　2024 年 2 月第 10 次印刷	
国际书号	ISBN　978-7-5100-1572-4	
定　　　价	48.00 元	

前 言

PREFACE

　　"明月几时有，把酒问青天。""江上何人初见月，江月何年初照人。"自古以来，月亮就是文人墨客们的最爱。每在晴朗的夜晚，一轮明月升上太空的时候，总会引起人们的无限遐思，产生种种幻想，由此也产生了许许多多关于月亮的神话。从嫦娥奔月到希腊神话的月亮女神阿尔忒弥斯，在人们的想象中，月亮总是一个美丽的地方。

　　月球是距离地球最近的天体，与人类的生产生活密切相关，在人们对它产生无限遐想的同时，也产生了对它探索的向往。从伊巴谷测定地月距离到伽利略发明望远镜观测月球，笼罩在月球的神秘面纱被慢慢揭开了，人们似乎知道了月球并非想象中的那样美好，而是一个没有空气、没有河流，甚至没有生命的寂静世界。

　　不过，人类并不满足于对月球的探测、了解，更想征服月球，将其变成一个基地，或进行天文观测，或开发资源，甚至在那里生活，为此人类也进行了种种构想。尤其是进入 21 世纪，美国、俄罗斯、欧盟、日本、印度等国家及国际组织纷纷制定了自己的月球探测、开发计划，新一轮的探月热潮正在兴起。有人预计，在 21 世纪的中后期，人类的脚印将再次出现在月球表面。

　　人类对月球的大探索还要追溯到 20 世纪的中后期，当时人类的航天技术已经取得了很大进展，从 50 年代末开始使用火箭发射探测器对月球进行近距离探测，实现绕月飞行，发回了大量关于月球的照片，基本查清了月球的地形地貌；1969 年 7 月 20 日，人类首次登上月球，成为探索月球的里程碑事件；1972年，人类共有6批次12人在月球表面展开活动，带回了月球岩石和土壤，并精确地测量了地球与月球之间的距离，使人类对月球有了更深的了解。

在本书中，编者将向读者介绍月球及月球开发的相关知识，在将神奇的月球世界、奇特的月球地形地貌和仍然存在的谜团展示给大家的同时，更让大家对人类探测月球的历程，对人类开发月球的计划和活动有一个概括性的了解。

月球是神秘的，其未来是美好的，它正等待着我们去探索、去开发！

目录

神奇的月球

SHENQI DE YUEQIU

月球，俗称月亮，是离地球最近的天体。在古代，由于受限于科学技术，人类对月球是陌生的，人们不知道月球的真面目，并给予了丰富的想象。实际上，月球是一个没有空气、没有生命的寂静世界。月球是环绕地球运行的一颗卫星，也是地球唯一的一颗天然卫星，其本身并不发光，只反射太阳光。月球亮度随日、月间角距离和地、月间距离的改变而变化。月球对地球有着很大的影响，比如潮汐现象就是其中之一。

但是，月球是神秘的，它的许多现象还等待人们去探索：月球究竟从何而来？月球土壤能杀菌吗？

月球真面目

月球是地球的唯一卫星，它的平均直径为 3476 千米，比地球直径的 1/4 稍大些。月球表面面积有 3800 万平方千米，略小于亚洲的面积。月球的质量约 7.35×10^{19} 吨，相当于地球质量的 1/81。像这种个头在太阳系中可以称得上大卫星了。

在太阳系中，木星有 4 颗大卫星，其中有 2 颗比月球大，另外，土星和海王星也各有 1 颗比月球大的卫星。然而，木星、土星和海王星都是巨行星，而像地球这样小的行星居然也有如此大的卫星，这就非常令人惊奇了。就地球之小和月球之大而言，地球和月球似乎共同组成了一对双行星。另一个将地球和月球看做是双行星的原因是其他行星还有质量更小的卫星，而月球只是地球唯一的卫星。

还好，1978 年发现遥远的冥王星也有一颗相对较大的卫星。冥王星比月球还要小，它的卫星卡戎就更小了，不过它的大小达到了冥王星的 1/10。在是否是双行星这点上，地球和月球的地位仅次于冥王星和卡戎。

月球以 1.02 千米/秒的速度在稍扁的轨道上绕地球公转，离地球最近时距离 363300 千米，最远时达 405500 千米，公转一周的时间是 27 日 7 小时 43 分 11.5 秒，为一个恒星月。像地球一样，月球也在自转，由于月球自转与公转同步，即月球自转 1 周的时间恰好等于公转 1 周的时间，所以月球总以同一面对着地球。有人说，这是月中嫦娥眷恋亲人，自己舍不得转向，也不肯让月亮转过脸去。

月面的重力差不多相当于地球重力的 1/6，地球上一个 60 千克重的人，到了月球就只有 10 千克重了。由于月球上的引力小，因而它不容易吸住空气和水汽。月球是个荒漠和死寂的世界，没有人，没有任何生命，没有风雨变幻，甚至听不到一点声音。白天是一片刺眼的阳光，晚上是一片漆黑，没有黎明和黄昏，太阳刚一落山，就是一片黑暗。

由于月球的自转周期长，它的昼夜也比地球上的长得多，在经过 2 个星期漫漫长夜以后，紧接着就是 2 个星期的烈日当空。由于没有大气的调节作用，因此，那里的白天酷热无比，温度高达 127 摄氏度，夜里又奇寒无比，温度降至零下 183 摄氏度，温差竟达 310 摄氏度，如果月球上真的有人，也是无法生活下去的。

如果月球真是地球的姊妹，那两姐妹可真是一个天上，另一个在地下。

月球上是一个无大气、无水、无生命、冷热剧变的寂静世界。根据月面的地形特征（山、海、陆地、溪、谷、沟、湖、湾、沼、丘陵、坑或盆地及辐射纹等）可粗略地划分为 3 类：高地（月陆）、月海撞击坑和火山地形。月球上没有水，上述水域的名称是借用地球上的术语。

月球正面

月球正面是永远朝地球的一面，其显著地貌为深色的月海，早期宇航员以为真的是海洋。当熔解的岩石从月球外壳渗出，填满陨星撞击留下的洼地处，这些注满熔岩的盆地就形成了。在月面上即使是最大的风暴洋也比地中海小。月球表面密密麻麻布满了坑洞，包括环绕它们的月海和山脉。到目前为止，所有登月宇宙飞船都是在月球的正面着陆的。

月球背面

月球背面总是背向地球。在 1959 年 10 月 4 日前苏联发射的太空探测器"月球 3"号运行到月球背后并发回第一批照片之前，月球背面的地貌始终是个谜。

月球背面的高地和海与月球正面的相比差异很大。月球背面分布着深深的撞击坑，而月海很少。月球背面的表面起伏比正面大得多，月球正面从最深的撞击坑底部到最高的中央峰顶部高度变化大约 5 千米；而在背面，表面高度变化达到 16 千米，这相当于从地球最深的海沟底部到珠穆朗玛峰的距离。

无所不在的环形山和撞击坑

在明亮的月球表面分布着一些阴影，古人把这些阴影想象成月球上的人影；伽利略认为月面上的阴暗部分可能是广大的水域。

然而，事实并非如此，那些黑灰色的大斑块是月面上广阔的平原，最早的观察者称它们为"海"，并且起了许多新奇的名字，如"静海"、"风暴洋"等，只不过月球上的"海"里根本没有水，只是一些光秃秃的盆地。"海"的面积约占月球总表面的 30%，其余星罗棋布的白色高地，便是环形山。

月球上直径超过1000米的环形山有33000多个，直径小于1000米的则不计其数。最大的环形山是贝利环形山，直径达295千米。一般直径大于160千米的环形山，用普通小天文望远镜就可看到。大型环形山都冠以著名学者的名字，我国的石申、张衡、祖冲之、郭守敬和万户名列其中。

环形山有的相当高，最高的环形山是牛顿环形山，高达8788米。为什么月球上能有那么高的山脉呢？这是由于那里没有流水、冰河、风沙及雨雪侵蚀和风化的缘故。

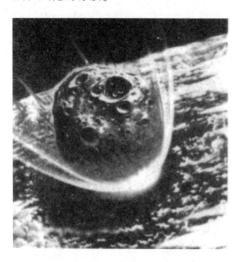

陨星与月球相撞瞬间

月球环形山是怎样形成的？为什么月球背面的环形山和正面的环形山大不一样？对于这一问题，目前比较流行的解释是月球环形山是由陨星碰撞和火山作用形成的。

绝大多数月球环形山是由陨星碰撞形成的。这一说法认为，陨星击中月球表面，产生冲击波，形成一个深坑，同时抛出圆锥形的大片巨石及其他碎片，它们随后坠落回表面；巨石回落产生了几个较小的环形山，它们环绕着第一个环形山，而较细小的碎片回落后形成地毯状覆盖物。一旦碰撞发生，陨星就被环形山吞噬，或者说被月球吸收，就好像水滴落入池塘时发生的现象一样。碰撞中心的物质会反弹，随后冻结起来。

另一些月球环形山是由火山作用形成的，这一说法认为：在月球内部熔岩和气体压力的作用下，部分月面向上凸起；气体和熔岩被喷发出来，冲出月面射向天空，如此一来，来自下面的压力就减小了，表面塌陷成环形山。这种火山型环形山不同于陨星型环形山。火山型环形山的四周没有辐射状条纹，邻近没有较小的环形山，中心也没有"山峰"。火山型环形山的存在，说明月球可能曾经具有非常活跃而灼热的内部区域。

月球自形成以来，碰撞一直就没有停止过。当太阳系在大约46亿年前形成时，空间中漂浮着大量的残骸，而且它们不时地轰击月球，之后撞击的势头才逐渐减弱。大约39亿年前一个称为晚期大轰击的时期，撞击频率再次增加。这种暴风骤雨般的轰击在比较短的时间里使月球伤痕累累，大约38.5亿年前晚期大轰击结束了，碰撞的频率即降至很低的水平，这种状态一直持续到今天。

人类多次月球探测结果的统计表明，月面上直径大于1千米的环形山总数多达33000个以上。而直径在1～1000米间的撞击坑和小环形山约有3000亿个，此外还有无数个难于估计的直径小于1米的小撞击坑。

由于月球表面没有大气，小天体可以毫无阻挡地撞向月面，在撞击的瞬间，动能转化为热能。温度急剧升高并产生爆炸，形成一个比撞击体大得多的撞击坑。同时，爆炸时物质向四面八方飞溅，散落后堆积成环形山四周的隆起物。很多环形山中间凹陷的体积大致等于四周岩壁的体积，正说明了这些环形山是由撞击形成的。而撞击坑的中央山峰或环形凸起是因特别猛烈的撞击引起地层反弹造成的。

相对月球背面，月球正面月海多，环形山少，而且大多为火山型环形山。为什么月球正面发生过如此多的火山活动，又为什么月球背面发生过如此多的陨星撞击事件？有科学家推测，也许是因为地球在一定程度上阻碍了陨星与月球正面的碰撞，所以月球背面发生的陨星撞击事件相对较多；而月球正面有较多的火山爆发则可能是由于地球对月球地表下气体和熔岩的吸引造成的。但究竟如何，科学家们还不十分清楚。月球上没有空气，因此不能传播声音，如果你想与同伴说话，只能采用专门的通信设备。若偶尔有一颗小陨石撞到月球，能掀起万丈尘

月球的表面

埃，却听不到一点声音。

月球表面因为没有水，没有任何生命，也就没有地球上的风化、氧化和水的腐蚀过程，月面一直保持着几十亿年前形成的地貌特征。

月球上的白天和黑夜的长度都相当于 14.5 个地球日，从日出到下一个日出，平均有约 29 个地球日。月球表面昼夜温差非常大，白天受阳光照射的地方，温度可高达约 130 摄氏度，比沸水还热；而夜间和阳光照射不到的阴暗处，温度会下降到约 -180 摄氏度。由于没有大气的阻隔，使得月面上日光强度比地球上强 1/3 左右。

月球直径是 3476 千米，大约等于地球直径的 3/11。像地球一样，月球也是南北极稍扁，赤道稍隆起的扁球。它的平均极半径比赤道半径短 500 米，南北极也不对称，北极区隆起，南极区凹陷约 400 米。月亮的表面面积大约是地球表面积的 1/14，比亚洲的面积还稍小一些；其体积是地球的 1/49。换句话说，地球里面可装下 49 个月球。月球上的引力只有地球 1/6，人在月面上走身体显得很轻松，稍稍一使劲就可以跳起来，航天员认为在月面上像袋鼠那样双脚跳跃着轻飘飘地会更容易前进。

月球环形山的分类

环形山的构造十分复杂，种类也多。但是按它们形成的先后顺序来划分，基本上可分为古老型与年轻型两类。古老的环形山很不规则，大多已经坍塌，而在它的上面重叠着圆形的小环形山及其中央峰。这些高高在上的环形山都是比较年轻的山。它有单个的，有重叠的，有大有小。有个日本学者 1969 年提出一个环形山分类法，分为克拉维型（古老的环形山，一般都面目全非，有的还山中有山）、哥白尼型（年轻的环形山，常有"辐射纹"，内壁一般带有同心圆状的段丘，中央一般有中央峰）、阿基米德型（环壁较低，可能从哥白尼型演变而来）、碗型和酒窝型（小型环形山，有的直径不到 1 米）。

还原月球表面

月海是海吗

我们在地球上用肉眼就能看到的月球正面上的暗黑色斑块就是月海，它实际上是宽广的平原，一滴水也没有。这是由于早期的月球观察者在无法看清月面的情况下，只能凭借丰富的想象力，根据它们的外貌特征，用地球上的名字给它们取名。

月球上有 20 多个月海，如危海、丰富海、澄海、酒海、冷海、雨海、云海、湿海、风暴洋等。它们绝大多数分布在月球向着地球的一面，只有东海、莫斯科海和智海在月球背面。最大的月海叫风暴洋，面积达 500 万平方千米，相当于我国陆地面积的 1/2。

月海的地势相当低。静海和澄海比月球平均水准面低 1700 米，湿海低 5200 米，最低的是雨海东南部，"海底"竟在月球平均水准面之下 6000 多米。

月海是几百万年前熔岩从月球内部涌出并荡涤表面，由巨大的熔岩流形成的。因为在月海表面没有由于宇宙残骸撞击而形成的环形山，所以它们肯定是在月球表面受到石雨点般袭击之后形成的。月海中广泛分布着一

月 海

种玄武质熔岩的岩石，地质学中称为玄武岩。玄武岩是由玄武岩岩浆沿着火山道喷到月球表面迅速冷却凝固而形成的。由于玄武岩岩浆中的钛、铁含量较高，冷却结晶时生成丰富的钛铁矿、橄榄石等暗色矿物，这导致它对阳光的反射率较低（只有 7%～10%），所以该区域看起来就比较阴暗。

月湾、月沼与月湖

月湾清晰可见

月海伸向月陆的部分称为月湾、月沼。有一些小的月海，即月面上较小的暗黑区域则称为月湖。

月湾有暑湾、中央湾、虹湾、眉月湾等。月球正面最大的湾是露湾，位于风暴洋的最北部。它的面积比危海还要大。月球正面中央的暑湾和中央湾，属于风暴洋东部延伸进高地的部分，面积约为3万~4万平方千米。

月面上已知的月沼有3个，即雨海东部的腐沼、云海南部的疫沼和静海东部的梦沼，其面积均在2万~3万平方千米。

月球表面的月湖为数不多，面积最大的是梦湖，约7万平方千米。其他有死湖、春湖、夏湖、秋湖等。

月谷、月溪

月球表面不少地区有一些暗色的大裂缝，弯弯曲曲绵延数百千米，宽度达几千米到几十千米，很像地球上的峡谷，于是把月面较宽的峡谷称为月谷，较窄的沟谷则称为月溪。最著名的月谷是阿尔卑斯大月谷，它长达130千米，宽约12千米，连接雨海和冷海，把月面上的阿尔卑斯山脉拦腰截断，

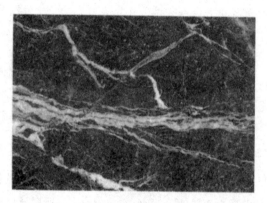

月　谷

很是壮观。月谷多出现在高地的较平坦区域，而月溪在高地和月海均有发现，在月面上是相当普遍的。其中著名的月溪就有二三十条之多。例如靠近静海的阿利亚代乌斯月溪长约 250 千米。

有些月谷和月溪是因火山爆发产生熔岩流的流动而形成的，有些是小天体撞击月面时形成的辐射纹的残余，个别月谷与月溪甚至是月面上许多小环形山和撞击坑成排分布形成的裂缝。

辐射纹

辐射纹是以环形山为辐射点向四面八方延伸的亮带，目前已发现有 50 多个较大的环形山具有辐射纹，其中以第谷环形山和哥白尼环形山辐射纹特别醒目。位于南极附近的第谷环形山直径 85 千米，高 4850 千米，它的辐射纹特别美丽，12 条向外延伸的辐射纹，有如"五爪金龙"

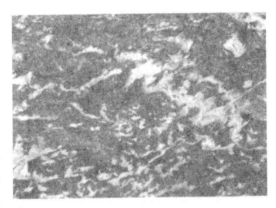

月球表面的辐射纹

匍匐的月面上，似在喘息，又似在跃起前的瞬间。其中最长的一条辐射纹长 1800 千米，在满月时尤为壮观，用双筒望远镜就可以看到。

位于风暴洋一侧的哥白尼环形山直径 90 千米，高 3000 多米，中心区有 3 座小山。它的辐射纹也十分清晰，其中最长的一条伸至 1200 千米之外。

科学家们认为，辐射纹是由降落到月面上的小天体猛烈撞击引起的，它与中心的环形山应同时生成。辐射纹可能是从撞击区以极低角度溅射出去的明亮物质和暗色物质的混合物。保留辐射纹的环形山应比较年轻，布鲁诺环形山形成至今大概只有几亿年，而大多数的环形山是在十几亿年甚至几十亿年前生成的，它们的辐射纹在后期的撞击事件和太阳风等的作用下会逐渐变暗，难于保留至今。月球上山峰的阴影是由于太阳照射形成的月球的背面，展现的是另一番景象。

丰富的矿产资源

月球有着极其丰富的矿产资源，目前月球上已知有100多种矿物，其中有5种是地球上没有的。

月球是一个庞大无比的金属仓库。以铁为例，根据对月球物质的化验，月面最表层的5厘米厚的沙土里就含有400亿吨铁，而整个月球表面有平均10米厚的沙土。这样，月面表层里的铁的总含量就将是400亿吨的200倍，而且是一种比较单纯的铁矿物，既便于开采，又易于冶炼。

在月球广泛分布的岩石中，蕴藏有丰富的钛、铁、铀、钍、稀土、镁、磷、硅、钠、钾、镍、铬、锰等矿物。仅月海玄武岩中，可开采利用的钛金属至少就有100万亿吨。月壤中有丰富的铝、铁、硅等，可用来直接生产建筑材料。

月球风暴洋

月球风暴洋中玄武岩上面覆盖着一层厚度达10~20千米的克里普岩，该岩石含有丰富的稀土元素，并富含铀、钍等放射性元素。根据专家的估算，在月球风暴洋区的克里普岩中，稀土元素高达2250亿~4500亿吨。

月球高地的斜长岩，是所有月球岩石中分布最广、最为丰富的一类岩石，其中富含硅、铝、钙等资源，储量更为可观。

在月球上还发现有多种自然金属，如含钴的镍金属、铁金属和镍铁金属，而在地球上很少会存在自然状态的金属（尤其是铁），只能存在于各种形式的氧化物矿物中。科学家在月球岩石样品中发现了一层很薄的未被氧化的纯铁薄膜，他们原以为这种铁在地球条件下会立即氧化生锈。可是，经过试验发现，这种铁并没有被氧化，这是因为其纯度非常高。如此高纯度的铁，对人类非常有用，而在地球上根本冶炼不出来。

另外，俄罗斯科学院矿床地质学、岩石学、矿物学和地球化学研究所的科研人员在对月球土壤样品研究中惊异地发现，月球土壤中含有 3 种天然金属元素：铈、铼、锌。

据悉，科研人员研究的月球土壤样品是 1976 年前苏联月球自动探测器"月球 24"号从月球表面取回的，总量有 324 克。

研究人员借助扫描电子显微镜，采用新的方法对样品进行了仔细研究。被研究的样品呈颗粒状，大小约 74 微米，是细碎的岩石。

研究者惊异地发现，样品含有天然金属铈，颗粒大小 2.5 微米左右，亮度很高。除铈金属外，研究人员还在月球土壤中找到了两种大小分别约为 5 微米和 9 微米且相对比较亮的金属铼颗粒，并发现了微米级的天然锌颗粒。后来在陨石 Allende 中也曾发现过。

研究人员认为，铼也是由撞击月球的陨石带进月球的。

科研人员还指出，在地球上天然锌一般会含在铂金或金砂矿中。月球表层土壤中的锌可能是在月球火山发生爆发时形成的，因为月球里面含有锌，火山爆发时锌就被岩浆带到了月球表层。

现在，科研人员肯定了这

陨 石

项发现的真实性，并否定了月球土壤样品被外来物污染的可能性。因为在过去20多年的时间里科研人员采取非常安全可靠的保管措施，样品不可能被污染。

这一发现对月球形成在太阳系之外的假设提供了有力证据。

地月距离到底多远

美国科学家将采用一种长达2390000英里（约385000千米）的新型光学"卷尺"对月球和地球之间的距离进行测量，此种方法测量的误差将在毫米之内。

据天文学家此前的测量结果，月心与地心间的距离约为238700英里（384000多千米）。早在20世纪70年代，经过科学家们的努力，月地距离的误差仅为25厘米，随着科学技术的发展，到80年代中期这一误差再次缩短到了不到2厘米。美国西雅图大学的一个研究小组希望通过其努力，能够将这一数字限定在毫米范围之内。

这次测量中，科学家们计划使用的工具包括1个天文望远镜、1束光柱和此前登月行动中留在月球之上的一些反射体。这一方法将会为人们提供一个目前为止精确的月地距离数字。

美国的一个研究小组将在新墨西哥州阿帕奇角的一个直径为3.5米的天

文望远镜上安装一个可以发送10亿瓦特的激光发射器，数个"激光子弹"将通过发射器射向月球表面的一个"反射器"。这个反射器是由"阿波罗"航天飞机和前苏联无人航天飞机分别通过3次和2次登月活动在月球表面安装的，由100~300个具有反射功能的棱柱组成。科学家们通过对光柱往返月球和地球之间的时间进行测

孤星伴月

量就可以计算出准确的月地距离。

尽管此次发射的激光将有极大的能量，但是当它到达月球表面时的直径也将会有 2 千米之大。再经过反射回到地球的光柱，直径很有可能达到大约 15 千米（9.3 英里）。

目前，科学家已经确认地月距离为 38 万千米，然而 2007 年阴历正月十五元宵节的月亮看起来要比往常偏小 10% 左右，原因是什么，其实是地月距离发生变化了。天文学家介绍说，月球在正月十二到达距离地球最远的远地点，月地距离为 40.6 万千米。到元宵节当天，月球稍微靠近地球，但月地距离仍有 40 万千米左右，因此这天晚上所见的月亮会显得小了不少。另据了解，还有另一天文奇观，正月十五晚月亮从狮子星座最亮的恒星"轩辕十四"北边仅 3 度（角距离）的地方通过，肉眼可见"轩辕十四"，此种天象被称为"孤星伴月"。

月球是如何形成的

月球的起源是个十分古老的问题，但直到现在仍没人能作出正确解释。将 18 世纪以来的月球起源假说归纳起来，可以分为 3 类，即同源说、分裂说和俘获说。

同源说也叫同根兄弟说。这一理论认为，地球和月球均是在宇宙大爆炸后由同一块星云形成的，由于天体力场的作用，两者没有聚合形成一个整体，反而被扯成两块，各自形成现在的地球和月球，由于地球体积和重量远大于月球，所以后来月球在地球引力的作用下，逐渐成为地球的一颗卫星，这对"同根兄弟"遥遥相伴苍穹已达几十亿年。

分裂说可以比喻为慈母游子说。这一理论认为，地球由于受到外来行星的冲击而向太空中抛出了大量的物质，冷却后形成尘埃，这些尘埃在地球引力和太阳系其他星体引力的作用之下形成了后来的月球。这一理论也就是"大冲撞"假说。有人还曾拿月球的体积与大西洋的体积作了比较，认为两者体积相差无几，说不定，几十亿年前，月球只是地球"妈妈"腹中的一个

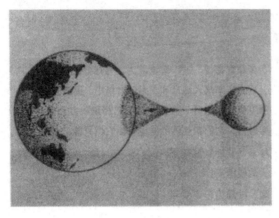

同源说示意图

"小宝宝"，不料，飞来横祸，母子分离，永难再互相依偎，"母亲"只落得满腹"苦水"。

有人将俘获说形容为苦命鸳鸯说。这一理论认为，月球此前可能是太阳系或外星系的一颗行星，后来不幸落入地球和太阳的力场中，逐渐为地球所"征服"，成为地球的一颗卫星。但这对"夫妻"自从"相识"并相邻而居以来，就从来没有亲密地接触过，它们相互间的排斥力使它们只能"相视"，而无法"牵手"，几十亿年来，只能默默地忍受上天的残酷安排。

这三种理论都难以自圆其说。同源说是最早出现的一种月球起源假说，它认为月球和地球具有相同的起源，在这种情况下，地球和月球应该拥有相同的物质构成，但是月岩显示的情况并非如此；分裂说则认为在太阳系形成初期，地球还处于熔融状态时，旋转得非常快，以致有一部分物质被甩出去后形成了月球，然而，地球的旋转从未有快到能发生这样的事情之时；继同源说和分裂说之后提出的俘获说似乎也太巧合了，理由也不充分。

20世纪80年代中期，一位美国天文学家提出了一个崭新的月球成因假说。他认为，在太阳系早期，大约在相当于目前地月系存在的空间范围内，形成了一个原始地球和一个火星般大小的天体，它们在各自的演化中均形成了以铁为主的金属核和以硅酸盐为主的幔及壳。一个偶然的机会这两个天体撞在了一起，地球被撞出了轨道，火星大小的天体也碎裂了，飞离的气体、尘埃受地球的引力落在地球的周围，最后滚雪球般地形成了月球。这种假说得到了一些地质化学、地质物理学实验的支持，但还没有被最终确认。

几年以前，科学家们又提出了一种新理论，用来说明地球和其他星球形成以后，月球是如何形成的。他们假设有一颗约有地球1/10大小的星球经过地球附近，而又未被地球的引力所俘获，此时这颗星球就有可能斜向重撞在地球上，并在撞下地球的一块后自行离开。科学家们设计了一种计算机程序，它可以显示如果这样的星球果真撞击了地球，会有什么现象发生。结果表明将会形成像月球般大小的天体，这一天体由地球的外层物质构成，而不含有地球的内层物质，这就既解释了月球的成因，又可以解释为什么月球不具有和地球相同的成分。

发现水的踪迹

自 1976 年前苏联向月球发射了最后一颗探测器后，在很长一段时间里，人类没有再对月球进行过"专访"。但这并不表明人类放弃了月球，科学家和月球发烧友们一直对月球心驰神往。

1990 年 1 月 24 日，日本发射了名为"飞天"号的月球探测器，成为继苏、美之后第三个向月球轨道发射航天器的国家。

1994 年 1 月 21 日，美国用"大力神"号火箭从范登堡空军基地发射了由美国和美国国防部联合研制的、用以试验导弹跟踪和"星球大战"传感器技术的"克莱门汀1"号探测器。在绕月运行过程中，该探测器详细测绘了月球表面图像，测量了月面40多处盆地的地貌、月球引力分布情况以及环形山壁层之间的变化，从而使科学家们进一步了解了月球构造的形成。最令人惊喜的是，在用雷达信号测量月球陨石坑深度时，"克莱门汀1"号意外地发现了一个小的湖状冰块，它处于月球南极背阴面一个面积为塞浦路斯共和国的两倍、深12000米（这一深度远远超过地球最高峰——珠穆朗玛峰的高度）的巨大陨石坑——艾特肯盆地的底部。这些冰是凝固的水冰，而不是其他一些液体或气体凝固成的"冰"。

月球上发现了水的踪迹！这一消息立即引起了科学家们的极大兴趣，也引起了人们的广泛关注。为了证实月球上是否真的有水源，1998 年 1 月 6 日，"雅典娜2"号运载火箭从卡纳维拉尔角发射场升空，把月球"勘测者"号探测器送入了飞向月球的轨道。该探测器同时还担负着测绘月球地貌，发现其中的矿藏，并研究其地质构造的任务。这是自 1972 年 12 月"阿波罗 17"号的航天员在月面上最后一次登陆以来，美国第一次向月球发射航天器对其进行全面考察。

月球"勘测者"号探测器的外观呈圆筒状，高 1.2 米，直径 1.4 米，重 295 千克。它上面携带了中子光谱仪、γ 射线光谱仪、α 粒子光谱仪等先进的探测仪器。其中中子光谱仪用来回答月球是否有水这一人们最关心，也最为重要的问题。

飞过了地月间 38 万千米的距离后，月球"勘测者"号于 1998 年 1 月 13 日进入环月轨道，开始在距月球 100 千米的上空进行考察。月球"勘测者"号果然不负众望，它用所探测到的数据为月球上水的存在提供了较为确凿的证据。这些数据表明，在月球的北极和南极阴冷的地区很可能有水冰存在。

月球"勘测者"号的发现间接地证实了"克莱门汀 1"号探测器 1994 年的探测结果。不过，月球上的冰并不是人们原来想象的那样以厚厚的极地冰盖形式存在，而是以非常低的密度和月球尘土混杂在一起，贮存在南北两极大量的陨石坑的底部，大约有 60 亿吨。

根据设计，月球"勘测者"号的燃料会在 1999 年 8 月 1 日消耗殆尽，但科学家们不想让它白白等死，而是为它设计了一个轰轰烈烈的结局——在人类可能对其失去控制的前一天令它撞向月面。

科学家们把撞月时机选在 7 月 31 日凌晨 6 时左右，因为此时正好是天空最为洁净的时刻，而且地面和地球轨道上的各观测点都相对集中在较佳的观测区内。撞击点在月球南极一座环形山的内侧，是科学家们经过仔细计算和对比后筛选出来的。该环形山的直径大约为 80 千米，大小较为适中。山口内部非常深，有大片阳光永远照射不到的阴影区，而山口顶部的突出部分又较为平缓低矮，使月球"勘测者"号能够以极高的速度和极小的角度直接撞击山口内侧的阴影区。

虽然月球"勘测者"号经过一年半的运行燃料已基本耗尽，质量只剩下 161 千克，但它撞月一瞬间的速度却超过 6100 千米/小时，所产生的撞击力相当于一辆时速 1800 千米、重 2 吨的汽车，或者一架全速飞行的大型喷气式客机所产生的撞击力，可以形成山崩地裂、岩石飞溅的壮观景象。根据科学家们的预测，如果被撞区域确有水冰的话，月球"勘测者"号撞击产生的高温将使游离于月壤和月岩中的水立即汽化，以蒸汽的形式挥发出来，并随着崩裂的月岩碎片抛射到半空中，形成一片短暂存在的极其稀薄的"云"，总质量大约为40千克。此时，这些已亿万年"不见天日"的水分子在毫无掩蔽的强烈阳光的直接照射下，将立即分解成氢离子和氢氧根离子。大约 4 秒后，早已将焦点对准撞击区的、位于地球轨道上的"哈勃"空间望远镜以及地面上美国得克萨斯大学麦克唐纳实验室的天文望远镜等 10 多个观测点将立即对从月面迸射出的物质进行观测。这其中，最重要的就是要捕捉到氢氧根离子形成的紫外光，此外还将拍摄能够显示水汽存在的红外线照片。如果迸射出的物质中确实存在水蒸气或是其氢氧根衍生物，那么就证明此前有关月球上存在水冰的论断是正确的。而且地面和地球轨道上的各观测点都相对集中在较佳的观测区内。撞击点在月球南极一座环形山的内侧，是科学家们经过仔细计算和对比后筛选出来的。

令人遗憾的是，当月球"勘测者"号按计划准确地一头撞进那座无名环形山的山口后，地面上的观测点却未能观测到撞击后迸射而出的任何物质。但这并不表明月球上不存在水，科学家们还将设计类似的卫星撞月计划。

月球最冷的地方

美国宇航局科学家说，月球南极终年不见阳光的月球坑可能是太阳系最冷的地方，那里比太阳系边缘的冥王星还要冷。

科学家们根据月球勘测轨道飞行器发回的数据得出这个结论。数据显示，月球南极永久阴影区温度约为零下 240 摄氏度，略低于冥王星表面温度，足以将潜在的水冰或者氢封存。

美国宇航局科学家戴维·佩奇说，月球上最寒冷的地方通常是那些更加不见天日的"坑中坑"。探测器在福斯蒂尼、休梅克、霍沃思这三个月球坑都探测到极低温度。

月球对地球的影响

　　月球与地球构成了天体系统的最基本的单元——地月系（天体层次：地月系—太阳系—银河系—总星系），与地球可以说得上是形影相随，关系非同寻常。它对地球的影响比较明显，主要表现在以下 2 个方面：①地球上夜晚的自然照明，大家都知道主要是靠月亮。否则的话，地球上的夜晚将是漆黑的，是无法想象的。②地球表面各处所受的月球和太阳的吸引力不同，因而地球上的水体产生了相应的明显潮汐现象（在我国古代，人们把早晨的海水涨落情况称之为潮，晚上的海水的涨落情况称之为汐，两者合称潮汐现象。海面周期性升降的潮汐现象，主要是月球、太阳对地球各处引力不同造成的）。

潮　汐

　　与地球对月球的产生引力一样，月球对地球也有引力，这使得地球略呈椭圆形，这种变形对坚固的陆地几乎构不成什么影响，不过使沿海岸线产生潮汐。潮汐反过来又影响地球自转的速度以及和月球之间的距离。

　　当地球表面进入和退出月球引力所造成的海洋膨胀区时，海洋表面每天要有两次涨潮与落潮。潮汐的实际高度取决于月球在公转轨道上的位置，也取决于当地的地形。

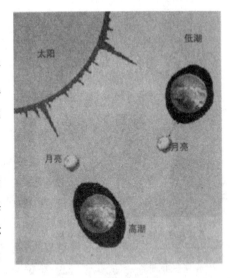

地月系引力关系图

潮汐的起因

　　在地球上，距离月球最近的海水对月球的引力感觉最明显；相反，地球背面的海水受到月球的引力最小。月球围绕地球公转时，两个潮汐高潮形成，并随月球在地球表面运行。地球的自转导致潮汐略早于地球，而非与地球在一条直线上。

大潮与小潮

满月和新月时，太阳、地球与月球正好处于一条直线上。太阳的引力和月球的潮汐力结合起来产生了最高的涨潮和最低的落潮，这就是大潮。当月相出现上弦月和下弦月时，太阳与月球之间形成直角。太阳的引力部分地抵消了月球的潮汐力，导致了小潮。

月球引潮力

美国宇航局的科学家谢鲁·皮尔逊博士研究指出，在太阳系最初形成时，月球即受到地球的牵引而为它的卫星，而月球在被扯到靠近地球的过程中，曾经对地球产生了极大的影响。

月球对地球具有引潮力的作用。科学家们已经研究证实，月球引力潮有如下作用：

（1）月球引潮力能使地球自转轴的倾斜角保持稳定，从而使地球的气候相对稳定。如大家所知，月球和地球作为两个不同的天体，相互之间具有引力作用，现在地球自转轴的倾斜角变化在5度以内。但是如果没有月球，地球自转轴的倾斜角会以数百万年为一周期发生0度～50度的变化，地球气候因而也会因此发生大幅度变化，最终将使地球成为生物无法生存的环境。

（2）月球引潮力还会掀动大气，形成所谓的"气潮"。"气潮"可以影响气压和天气，比如满月时的气压就

月球对地球具有引潮力的作用

往往较低。有关研究也发现，全美国最厉害的暴风雨发生在新月后 1~3 天或月圆后的 3~5 天。因此，有人主张在预报天气时应考虑月相。

（3）月圆之夜地球还会稍许变暖。这是美国亚利桑那州立大学的气候学专家罗伯特·巴林和兰德尔·塞维尼通过分析气象卫星的观测结果后发现的。在过去的 15 年间，气象卫星精确测定了月光照射后产生的地球表面温度的细微变化，结果发现满月时地球的平均气温上升了 0.017 摄氏度。

月扰人体

人与月球的关系也十分密切，精神病学家指出，人体约有 80% 是液体，月球引力也能像引起海洋潮汐般对人体中的液体产生作用，造成人体的"生物高潮"和"生物低潮"。满月的时候，生物潮处于高峰，月亮对人的行为影响比较强烈，这时人的头部和胸部的电势差比较大，人容易激动，情绪最不稳定，最易出事。日本救火会统计，每当月满之夜，火警要比平时多 25%~30%；韦伯在《月球的影响》一书中写道："1970 年 9 月，当海潮高涨时，美国迈阿密市的凶杀案和住精神病院人数比平时增加。"比如青年人喜欢在月夜谈情说爱，而嗜酒者和精神不太正常的人常在月夜发作。美国伊利诺伊州立大学教授毛雷斯甚至指出，人类的谋杀、毒害、抑郁和心脏病等与月亮的盈亏也有一定关系。

美国的一位医生，曾调查了 1000 多例在手术台上的病人，发现病人的出血与月亮的运行有关。调查资料显示，其中 82% 的病人在月亮 1/4 上弦和 1/4 下弦之间的时候发生出血危机，而月亮圆时出血的病人最危险。所以，许多医生最忌在月圆之夜为病人动手术。

美国医学会收集了 20 年间 50 万份婴儿的出生表，发现多数婴儿出生在亏月（下弦月）；荷兰沿海一带的产妇大多数是在潮水高涨的时候分娩。其秘密就在于月亮影响子宫的收缩。

月诱地震

地震按成因一般可分为构造地震和火山地震。对绝大多数的构造地震来说，地震的发生主要取决于那里的地壳岩层是否濒于断裂。朔（农历初一）、望（农历十五、十六日）时，日、月、地三个天体接近一条直线，这时太阳与月球的引潮力合在一起，对地球的引潮力较平时大得多。这种引力不但使海水发生潮汐现象，而且也使地壳发生类似像涨潮、落潮的变化，形成"固体潮"，可触发即将断裂的地壳，诱发地震。美国地震学者研究认为，当太阳和月球作用于地球的引力最大时，就往往容易发生地震。据统计，20世纪以来发生的7级以上大地震13次。发现地震发生时间处在望时的2次；发震时间距朔、望1天的2次；发震时间距朔、望1~2天的5次，共计达9次，占统计总数13次的69.2%。这也足以说明，朔、望及其前后2~4天，引力大，易发生地震。统计资料见下表：

朔、望月周期诱发地震统计表

	名称	震级	发震时间	距朔、望天数
1	美国旧金山地震	8.3	1906年1月18日	距望9天
2	日本关东大地震	8.2	1923年9月1日	距望5天
3	中国唐山大地震	7.8	1976年7月28日	距朔1天
4	罗马尼亚布加勒斯特地震	7.5	1977年3月4日	望
5	伊朗塔巴斯地震	7.7	1978年9月16日	距望1天
6	土耳其埃尔祖鲁姆	7.1	1983年10月13日	距朔7天
7	和卡尔斯省地震 墨西哥城地震	8.1	1985年9月19日	距朔4天
8	亚美尼亚列宁纳坎地震	7.1	1988年12月7日	距朔3天
9	美国旧金山大地震	7.1	1989年10月17日	距望2天
10	日本北部地震	7.8	1993年7月12日	距望7天
11	中国台湾海峡地震	7.3	1994年9月16日	距望4天
12	中国云南丽江地震	7.0	1996年2月3日	望
13	伊朗东部地震	7.1	1997年5月10日	距朔3天

上弦月和下弦月

上弦月和下弦月相貌差不多，但它们出现的时间、位置及亮面的朝向是不同的。上弦月出现前半夜的西边天空，它们的"脸"是朝西的，即西半边亮；下弦月分别出现在后半夜的东边天空，它们的"脸"是朝东的，即东半边亮。由于我国农历日期是根据月相排定的，所以我国古代的劳动人民有时靠它来判断农历日期及夜间的大致时间。

月球的运行轨道

月球以椭圆轨道绕地球运转，这个轨道平面在天球上截得的大圆称"白道"。白道平面不重合于天赤道，也不平行于黄道面，而且空间位置不断变化，周期约合地球上的173天。月球轨道（白道）对地球轨道（黄道）的平均倾角为5度09分。

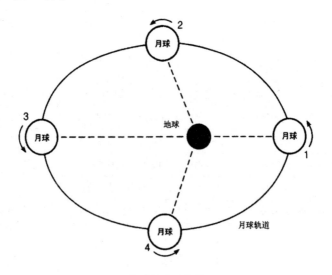

月球运动示意图

月球在绕地球公转的同时进行自转，周期为 27.32166 日，正好是 1 个恒星月，所以我们看不见月球背面。这种现象我们称"同步自转"，这种现象几乎是卫星世界的普遍规律。一般认为是行星对卫星长期潮汐作用的结果。天体平动是一个很奇妙的现象，它使得我们得以看到 59% 的月面。主要有以下原因：①在椭圆轨道的不同部分，自转速度与公转角速度不匹配；②白道与赤道的交角。月球绕地球转动的周期，朔望月 29.53059 日，恒星月 27.32166 日。

朔望月和恒星月

　　朔望月，又称"太阴月"。月球绕地球公转相对于太阳的平均周期。为月相盈亏的周期。以从朔到下一次朔或从望到下一次望的时间间隔为长度，平均为 29.53059 天。

　　月亮与某一恒星两次同时中天的时间间隔叫做"恒星月"，恒星月是月亮绕地球运动的真正周期。朔望月比恒星月长，道理与太阳日比恒星日长是一样的。恒星月与日常生活关系不大，而朔望月却因为是月亮圆缺变化的周期，与地球上涨潮落潮有关，与航海、捕鱼有密切的关系，对人们夜间的活动有较大的影响，同时在宗教上月相也占有重要位置，所以人们自然地以朔望月作为比日更长的计时单位。

人类探月之路
RENLEI TANYUE ZHILU

　　自古以来，人类对月球就充满了无限的向往，不过直到近代，才开始了科学的探索。尤其是在 20 世纪 50~70 年代，在冷战的背景下，美国和前苏联为了争夺霸权围绕月球探测展开了空前的太空竞赛，从而拉开了探月和登月的序幕。期间，前苏联利用"闪电"号火箭等，先后发射了 24 颗月球探测器，曾一度领先美国。为了改变美国在太空竞赛中落后的局面，美国总统肯尼迪策划并实施了一个大胆的计划——"阿波罗"登月计划，成为人类航天史上的里程碑事件。

　　美国、前苏联的探测活动带动了月球科学的发展，并且促生了人类对探索月球的欲望，到了 21 世纪，月球探测活动又进入了一个高潮，欧盟、日本、印度等国家也制定了相应的探测计划，为人类征服月球奠定了基础。

伊巴谷：测定地月距离第一人

　　伊巴谷，公元前约 190 年出生于小亚细亚（今土耳其），约卒于公元前 120 年。这位古希腊天文学家发明了许多用肉眼观察天象的仪器，测定了月亮视差，是三角学的奠基人，发现了追踪太阳在天空中的运行路径；提出通过月食测定太阳—地球—月球系统的相对大小。

通过观测室女座中的角宿一，伊巴谷发现了分点的岁差（恒星经过几世纪造成的位移）。他也将太阳年的计算精确到实际长度的 7 分钟之内，并估算出太阳和月亮到地球的距离。在他去世后的几个世纪中，他的研究成果都未遇到挑战。伊巴谷一生的大部分时间都在罗得岛度过，并终老于该岛。他长期在罗得岛上进行天文观测，编制出了约含 850 颗恒星的星表。这么多星星怎么区分呢？伊巴谷按照亮度将恒星划分为 6 等，最亮的 20 颗星是 1 等星，而 6 等星指那些刚刚能为肉眼看见的恒星。这种分类方法一直被后人所借鉴。

为了更准确地观测天体，伊巴谷制作了许多仪器。由于他的大部分著作都已失传，他的成就只能从旁人的著作中得到了解。人们描绘伊巴谷发明了一种"瞄准器"，一根约 2 米长的木杆上，有沟槽可容一个挡板在其中滑动，在木杆的一端竖立一块有小孔的板，人眼从小孔中观察星体，同时滑动挡板，使它刚好遮住目标。根据挡板与小孔之间的距离及挡板的宽度，就可以算出被测物体的相对大小，或星空中两点的视距离。他还发明了一种星盘，可以测天体的方位和高度。人们还传说他制作过一个天球仪，刻在上面的恒星数目比他列在星表上的还多。

伊巴谷认为通过观测日食可以测定地月距离，但需要 2 个地点的观测数据。在土耳其附近，人们看到了日全食；而在经度接近而纬度不同的亚历山大城，只能看到日偏食，月球最大遮住了太阳的 4/5。由此，他推算出了月球的视差，他也将太阳光处理为平行照射到地球上。他的计算结果是，月球直径是地球的 1/3，月地距离是地球半径的 60.5 倍。第一个数据偏大了一点，对于第二个数据，按照现在的测量结果，月地距离是地球半径的 60.34 倍。由于埃拉托色尼已经给出了地球半径的数据，于是伊巴谷得到了月地距离的真实数据。让我们替伊巴谷算一下：38400 × 60.5/（2 × 3.14）千

伊巴谷

米：37 万千米。现代的月地距离数据是 38 万千米。

伊巴谷的太阳数据误差较大，主要还是受阿里斯塔克的数据影响。伊巴谷算出的太阳直径是地球直径的 12 倍多，而实际太阳直径超出地球达 100 倍之多；他的日地距离是地球半径的 2500 倍，而实际是 2 万多倍。

伊巴谷被公认是古希腊最伟大的天文学家，不过当时天文学家对宇宙结构的看法现在看来是错误的。古希腊的天文学家想当然地认为，圆形是最完美的图形，所以天体的运动轨道必定是圆形的，而且运动速度是匀速的。按照当时普遍的说法，地球是宇宙的中心，那么地球就是所有天体圆形轨道的圆心。然而实际观察时，人们发现行星运动时快时慢，还有逆行开"倒车"的现象。为了解释这些现象，伊巴谷综合前人的成果，认为地球并不在圆心位置，而是在圆心附近，稍稍偏离了圆心。因此从地球上看过去，行星的速度会时快时慢；他还认为行星本身先沿着一个小圆轨道转动，这个小圆的圆心再围绕着地球附近的大圆圈转动，这就解释了为什么行星有时会发生逆行。

月亮与历法

在望远镜没有发明以前，人们主要通过肉眼观察月亮和它的运动规律。我们在地球上看到的月亮每天在自东向西的移动中，它的形状也在不断地变化，这种月亮位相的变化，叫做月相，故云："人有悲欢离合，月有阴晴圆缺"，这里的圆缺就是指月亮的月相变化。中国、埃及、印度和古巴比伦四大文明古国，早在公元前两三千年前就测出月相的变化的周期为 29 天多。很早以前，人们就以月亮的运动周期来作为较长的计时单位——月，也就是今天我们称的月份。我国古时将月亮也称太阴。因此根据月相圆缺变化的周期（即朔望月）制订的历法称为阴历。月亮很早就被人们引用于社会生活中了。而更长的计时单位——年，则是以太阳的视运动周期，即根据地球围绕太阳的运转周期（回归年）来定的，以此制订的历法称为阳历。无论是古中国或是其他文明古国，都测出年长约 365.25 日。我国古六历（黄帝历、颛顼历、

月相变化示意图

夏历、殷历、周历、鲁历）又称四分历，就是因为有这个1/4日的缘故。

月份长以太阴的运动为标准，年长以太阳的视运动运为标准，这种历法就是"阴阳合历"。除古埃及使用太阳历外，其他文明古国都用阴阳历。中国历史上记载的最早的成文历法是春秋末年的四分历，它是当时世界上最先进的历法。四分历确定1年的长度为365.25日，每19年设置7个闰年，这是当时世界上采用的最为精确的数值。我们现在使用的农历就是这种阴阳历。

阴　历

阴历在天文学中主要指按月亮的月相周期来安排的历法。以月球绕行地球一周（以太阳为参照物，实际月球运行超过一周）为一月，即以朔望月作为确定历月的基础，一年为十二个历月的一种历法。在农业气象学中，阴历俗称农历、殷历、古历、旧历，是指中国传统上使用的夏历。而在天文学中认为夏历实际上是一种阴阳历。

望远镜的功劳

望远镜是在1608年由荷兰的一位叫做汉斯·里佩的眼镜商人发明的。有一天，里佩的儿子在玩耍中偶然发现，将两块透镜重叠，并使其相隔一定的距离，通过镜片观察，可以看见远处教堂屋顶原来几乎看不见的小鸟。里佩受此启发，把 2 块镜片装在一个铜管的两头，制成了世界第一架望远镜。

汉斯·里佩的这项发明，引起了意大利天文学家伽利略的关注。1609 年，伽利略自己动手制作出了放大 32 倍的光学望远镜。这种望远镜由 2 个镜头组成，物镜大一些，目镜小一些。光线从物镜进入，出现物像的倒影，光线通过第二个镜头后，发生折射现象，使光线变成平行，眼睛看到放大了的物像，但是倒影。这种折射望远镜有一个缺点，即物像有些模糊。

1609 年 12 月的一天，当伽利略将望远镜对准月球这个离地球最近的天体时，令他惊异的是，他看到月球竟然是一个崎岖不平、坑坑洼洼的世界，上面有高耸的山脉、广阔的洼地，还看到了奇特的像火山口那样的环形山。在这之前，人们一直

伽利略制作的望远镜

认为月亮表面是冰清玉洁般的光滑，望远镜使人类第一次看到了月亮的真实面貌。

伽利略

伽利略根据自己的观测，画了一个月面图，这个图成为世界上第一幅月面图。伽利略首次给月亮上的两条大山脉起名，用自己祖国的两座大山名称——亚平宁山脉和阿尔卑斯山脉来命名月球山脉。从此以后，月面上的许多山脉与高山照例用地球上的山来命名。

1645 年比利时数学家、博物学家朗格林诺斯发表了他画的月面图，在图上标有 322 个地形物，他把暗的区域叫做

"海"，把亮的区域叫做"大陆"，这种称谓沿用至今。

1668 年英国科学家伊萨克·牛顿（1642—1727）发明了反射望远镜，它的物镜由一个抛物面或双曲面形的凹面镜组成，光线由凹面镜反射后，经一个小平面镜反射出来，由目镜进行观测。反射望远镜克服了折射望远镜物像模糊的缺点，使对月面的观察更前进了一步。进入 18 世纪以后，随着天文望远镜的发展，人类对月面的了解则更为深入。

牛 顿

折射式望远镜的发展

1757 年，杜隆通过研究玻璃和水的折射和色散，建立了消色差透镜的理论基础，并用冕牌玻璃和火石玻璃制造了消色差透镜。从此，消色差折射望远镜完全取代了长镜身望远镜。

19 世纪末，随着制造技术的提高，制造较大口径的折射望远镜成为可能，随之就出现了一个制造大口径折射望远镜的高潮。世界上现有的 8 架 70 厘米以上的折射望远镜有 7 架是在 1885 年到 1897 年期间建成的。

折射望远镜最适合于做天体测量方面的工作，到 1897 年叶凯士望远镜建成，折射望远镜的发展达到了顶点，此后的这一百年中再也没有更大的折射望远镜出现。这主要是因为从技术上无法铸造出大块完美无缺的玻璃做透镜，并且，由于重力使大尺寸透镜的变形会非常明显，因而丧失明锐的焦点。

探测月球新时代

1957 年 10 月 4 日，前苏联成功发射了人类第一颗人造地球卫星，标志着人类从此走向了航天时代。利用火箭发射月球探测器探测月球，使月球的探测活动进入了一个新的历史时期。

从 20 世纪 50 年代至今，人类发射无人月球探测器探测月球采用了以下 5 种方式：

（1）飞越月球。探测器从地球表面发射，沿抛物线或双曲线越过月球，对月球进行近距离探测，然后飞向太阳系，成为人造行星。这种方式探测时间短，获得的信息少。

（2）击中月球。探测器从地面发射，沿椭圆、抛物线或双曲线直接击中月球，利用撞毁前的短暂时间进行探测。

（3）月球卫星。探测器从地面发射，经轨道中途修正、调姿，进入月球引力场作用范围，再经制动火箭点火和速度修正，被月球引力场捕获，形成月球卫星，进行环绕月球探测，这种方式可以进行长时间的探测。

第一颗人造卫星升空

（4）探测器在月面软着陆。探测器从接近月球或由月球卫星经过减速机动飞行，实现在月球表面上软着陆，以进行实地探测。

（5）探测器从地球—月球—地球的探测。月球探测器在月球表面软着陆后，在月面上完成摄影、采样等任务后返回地球。

软着陆与硬着陆

软着陆指航天器在降落过程中，逐渐减低降落速度，使得航天器在接触地球或其他星球表面瞬时的垂直速度降低到很小，最后不受损坏地降落到地面或其他星体表面上，从而实现安全着陆。例如，通过推进器进行反向推进，或者改变轨道利用大气层逐步减速，或者利用降落伞降低速度。一般来说，每种航天器都是通过多种减速方式共同作用进行减速，达到软着陆的目的。

相对于软着陆，物理上的硬着陆一般是指航天器未减速（或未减速到人员或设备允许值），而以较大速度直接返回地球或击中行星和月球，这是毁坏性的着陆。

寻找探月之路

1961年5月25日，美国总统肯尼迪在国会宣布美国要在10年之内实现把人送上月球并使之安全返回地球的目标。美国的这一载人登月计划被称为"阿波罗"计划，它使世界为之震惊。前苏联立即调整了原有的航天发展计划，决定首先开展载人登月的考察研制工作。

然而，月球这个一直被人们不断猜测和想象的星球，它的表面是什么样呢？上面能承受飞船的压力吗？应选择什么样的地方降落飞船呢？人能否在月面上行走呢？人上了月球是否安全呢……一大串问号摆在人们面前。解答这些问题的唯一办法，就是派探测器去探测。

前苏联发射的47个月球探测器共分3个系列："月球"号系列、"宇宙"号系列和"探测器"系列；美国发射的36个分为"先驱者"、"徘徊者"、月球轨道器和"勘测者"4个系列。

月球探测器大多是通过绕月飞行进行考察，也有的在月球降落，对月球表面进行探测。由于它们的出发点地球和目的地月球都在运动，因此月球探测器必须选择合理的飞行路线，以便最近、最省时地飞向目标。

月球距离地球大约为 38 万千米，据计算，派往月球的探测器的初速度不得小于每秒 10.848 千米。月球探测器在飞行过程中常常是在地球和月球引力共同作用下运动。科学家常将月球探测器的轨道飞行分为 2 个阶段：①以地球引力为主的阶段（当月球探测器与月球的距离大于 6.6 万千米时）；②以月球引力为主的阶段（当月球探测器与月球的距离小于 6.6 万千米时）。而且在实际飞行中，月球探测器还受到太阳的引力影响。因此，月球探测器的飞行路线非常复杂。

美国前总统肯尼迪

如果月球探测器最终目的是为击中月球，那么就要选择适当的发射时间，使月球探测器的飞行轨道与月球相交；如果要击中月球表面的特定区域，那么发射初速度、发射时间和月球所在的位置及运动都需要严格选择，而且在飞行途中还要严格修正探测器的轨道参数。

如果要长时间地考察月球，月球探测器需成为绕月飞行的月球卫星。

如果月球探测器要在月球上着陆，它可以从接近月球的轨道上直接着陆于月球，也可以从月球卫星轨道上经过机动飞行在月球上着陆，但由于月球没有大气层，无论哪一种着陆方式都需要在探测器下降过程中用火箭发动机制动，以便实现软着陆。

美苏发射的月球探测器已实现的轨道路线有以下几种：

飞越月球轨道：探测器从地球表面或地球轨道附近发射，沿抛物线或双曲线越过月球的轨道，然后飞向太阳系，成为人造行星，如"先驱者4"号、"徘徊者3"号、"徘徊者5"号，"月球6"号和"探测器3"号。

击中月球轨道：探测器从地球表面或地球轨道附近发射，沿椭圆、抛物线或双曲线直接击中月球的轨道，如"月球2"号，"徘徊者7"号、"徘徊者8"号、"徘徊者9"号。

绕月飞行轨道：探测器从地面或近地卫星轨道起飞，沿椭圆轨道绕过月球返回到地球附近的轨道，如"月球3"号。

月球卫星轨道：探测器从地球表面或地球轨道附近发射，经轨道修正、调姿，进入月球引力场作用范围，再经制动火箭点火和速度修正，被月球引力场捕获，环绕月球运动的轨道，如"月球10"号、"月球11"号、"月球12"号、"月球19"号、"月球22"号，"月球轨道器1"号、"月球轨道器2"号、"月球轨道器3"号、"月球轨道器4"号、"月球轨道器5"号。

　　月球软着陆轨道：探测器从接近月球轨道上或从月球卫星轨道上经过机动飞行，利用反推火箭在下降过程中减速，实现在月面软着陆的轨道。如"月球9"号、"月球13"号以及带有月球车的"月球17"号、"月球21"号，"勘测者1"号、"勘测者3"号、"勘测者5"号、"勘测者6"号、"勘测者7"号。

　　月球—地球轨道：月球探测器在月面上完成摄影、采样等任务后返回地球的轨道，如："探测器5"号、"探测器6"号、"探测器7"号、"探测器8"号，"月球16"号、"月球20"号、"月球24"号。

月球卫星轨道

　　月球卫星轨道是环绕月球运动的航天器质心的运动轨迹。月球卫星是以地球为基地发射的，经历多次机动飞行以后才能进入月球卫星轨道。月球质量是地球质量的 1/81.3，月球表面的环绕速度只有 1.68 千米/秒，逃逸速度为 2.36 千米/秒。与人造地球卫星轨道摄动相似，月球卫星受到的主要摄动力是太阳引力和地球引力。在日、地引力作用下，月球卫星轨道可能变得越来越低，最终与月球表面相撞，也可能越来越高，最终脱离月球引力场。月球卫星轨道的稳定性主要取决于地球和太阳的引力。

前苏联的探月活动

　　20 世纪 50～70 年代，在冷战背景下，美国和前苏联为了争夺霸权围绕月球探测展开了空前的太空竞赛，从而拉开了近月探测的帷幕。

1959～1970 年，前苏联利用"闪电"号火箭等，先后发射了 24 颗月球探测器。此时，前苏联在月球探测方面遥遥领先于美国，并取得了许多重要成果。例如第一次实现月球硬着陆，击中月球；第一次飞越月球背面，拍摄到月球背面的照片；第一次实现探测器月面软着陆，在 4 天中，向地球发回了全景照片和辐射资料；成功地发射第一颗月球卫星，首次实现环月飞行；第一次实现环月飞行后安全重返地球；第一次实现无人驾驶飞船登月取样并返回地球；第一次实现无人驾驶月球车在月面行驶并进行科学探测等。1964 年 4 月，前苏联成功研制出一种新型的功能比较齐全的月球探测器——"探测器"号。

"闪电"号火箭

"探测器 1"号～"探测器 3"号的质量为 890 千克，"探测器 4"号～"探测器 8"号的质量则达到 5600 千克，这 8 个探测器号各有各的职责。

1965 年 7 月 20 日，"探测器 3"号在距月面 11600 千米处掠过月球，进入月球轨道。它在飞过月球期间，拍摄到 25 万张月球照片，基本上弥补了月球 3 号探测器没有拍摄到的月球表面，从而获得了月球背面完整的概貌图。它拍到的图像清晰逼真，人们通过这些图像识别了月球上不同区域的 3000 多个地形。

1969～1976 年，前苏联发射了"月球 15"号～"月球 24"号探测器。相对于早期的月球号探测器来说，这批探测器已演变为月球自动科学站。其中，1970 年 9 月 12 日发射的"月球 16"号探测器顺利到达月球后，用它自带的小勺挖取了 0.1 千克月球岩石样品并自动送回地球，使人类首次获得月球表面物质的标本

1970 在 11 月 17 日，"月球 17"号探测器携带着世界上第一个无人驾驶月球车——"月球车 1"号成功地在月面软着陆，"月球车 1"号在地面工作

前苏联"月球19"号探测器

人员的遥控下勘探了月球表面 8 万平方米的地域，进行了 200 多次土样测验，并用 X 射线望远镜扫描了天空，获取了大量资料。"月球车 1"号在月面上行驶了 10.5 千米，后来"月球 211"号探测器带上"月球车 5"，"月球车 2"号行驶了 37 千米。"月球车"底盘上装有电动机驱动和电磁继电器制动的轮子，靠特性吊架减少震动，能源采用的是太阳能电池和蓄电池。本来月球车可取得更大的成果，但由于地月间距离遥远，通信中存在 25 分 89 秒滞后问题，"月球车"每完成一个动作后，地面工作人员需等待它将动作结果反馈回地球后才能指示进行下一个动作，这样操作效率就低得多。

1976 年 8 月 18 日，"月球 24"号探测器在月球危海东南部软着陆，它携带的挖掘机从 2 米深处挖出了 1 千克岩石，8 月 22 日回收舱带着岩石平安地降落在前苏联的西伯利亚地区，为前苏联的月球探测画上了一个圆满的句号。

随着"阿波罗"工程的进展，飞船在月面软着陆的试验摆到了重要日程上。为此，美国设计了新型月球探测器——"勘测者"号。

前苏联在月球探测中取得的重要成果表

探测器	成　　果
"月球 2"（1959 年）	第一个成功发射月球探测器，第一次实现月球硬着陆
"月球 3"（1959 年）	第一次飞越月球背面，拍摄到月球背面的照片
"月球 9"（1966 年）	第一次实现探测器月面软着陆
"月球 10"（1966 年）	第一次实现环月飞行
"探测器 5"（1968 年）	第一次实现环月飞行后安全重返地球
"月球 16"（1970 年）	第一次实现无人驾驶飞船登月取样并返回地球
"月球 17"（1970 年）	第一次实现无人驾驶月球车在月面行驶并进行科学探测

美国的探月活动

面对月球探测落后前苏联的局面，美国总统肯尼迪和副总统约翰逊开始策划一个能够吸引公众注意力，并一举改变美国在太空竞赛中落后局面的计划，这就是后来被命名的"阿波罗"计划。

为了争取20世纪70年代把人送上月球，60年代美国大力开展了3项载人探月工程，即"徘徊者"号、月球轨道器、"勘察者"号系列月球探测器，用宇宙神系列火箭发射，为登陆月球铺路。

"徘徊者"号

前苏联夺得一个又一个航天"第一"，美国自然不甘落后。作为反应，美国决定为载人登月"投石问路"，从1961年8月到1965年3月，美国先后向月球发射了9个"徘徊者"号探测器。

"徘徊者"号探测器是在"先驱者"号探测器的基础上改进过来的，上面装配了电视摄像机、发送和传输装置、分光计等设备。它的任务是在月面上硬着陆前拍摄照片，测量月球附近的辐射和星际等离子体等。它飞向月球时采用地—月轨道，中途校正一次轨道后再飞向月球。"徘徊者1"号～"徘徊者6"号探测器质量为300千克，"徘徊者7"号～"徘徊者9"号探测器增加了电视摄像设备，质量增加到370千克。不知是名字没取好，还是准备不充分，前几个"徘徊者"号探测器一直在地月间徘徊不前，历尽磨难。第1和第2个"徘徊者"号探测器被送入地球轨道后，由于上面级火箭不工作，探测器重新坠入大气层被烧毁。发射第3个时，虽然上面级火箭点火成功了，但推力过大，把探测器送到了远离月球37000千米的太空，使它成为了一个无人照管、无家可归的"流浪汉"。第4个开始还算顺利，但从地球轨道上起飞后不久，控制系统突然出现短路故障，失去控制的探测器像一匹脱缰的瞎马，撞到月球背后的环形山上，摔了个稀烂。紧随其后的第5个和第6个，在即将到达月球轨道时，不是火箭发动机突然熄火停止工作，就是电视摄像

美国"徘徊者7"号拍的月面照片

机莫名其妙地失灵,弄了个前功尽弃。

在遭受六连败后,1964年7月28日发射的第7个"徘徊者"终于一路顺风到达月球表面,用它携带的6台电视摄像机发回4306幅电视图像,其中最后的图像是在它离月面只有300米远处拍摄到的,图像清楚地显示出月球上一些直径小至1米的月坑和几块直径不到25厘米的岩石。这是月球表面情形的首次电视直播。

乘胜前进的第8个和第9个"徘徊者"号探测器再立新功,分别发回7137张和5814张高分辨率的月球照片,进一步探明了在月球表面上有许多可容飞船降落的平坦之地。

"徘徊者"号的主要目的是为确定月球表面能否支撑住飞船,使之不致陷入月球尘土之中或压碎月面的薄壳,从而为载人登月做准备。"徘徊者"号系列均使用宇宙神火箭在卡纳维拉尔角发射,共发射了9颗"徘徊者"号探测器。其中"徘徊者7"号、"徘徊者8"号、"徘徊者9"号均成功地实现了在月球表面硬着陆,并发回了17259幅高分辨率的照片,从中得出了月面能支撑重物的结论。

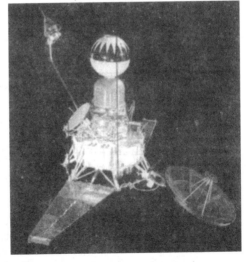

美国"徘徊者"号月球探测器

"徘徊者"号探测器工作情况表

	日期	探测器名称	运载火箭	任务类型	说明
1	1961年8月23日	"徘徊者1"		硬着陆	"阿金纳B"再次启动失败
2	1961年11月18日	"徘徊者2"	"宇宙神		星箭未能分离
3	1962年1月26日	"徘徊者3"	SLV3 -		制导系统故障导致超速
4	1962年4月23日	"徘徊者4"	阿金纳B"	半软着陆	成功, 首次击中月球
5	1962年10月18日	"徘徊者5"			卫星电力消失未能撞击
6	1964年1月30日	"徘徊者6"			已着陆, 但未能发回照片
7	1964年7月28日	"徘徊者7"	"宇宙神	硬着陆	成功
8	1965年2月17日	"徘徊者8"	SLV3 -		成功
9	1965年3月21日	"徘徊者9"	阿金纳B"		成功

"勘测者"号

"勘测者"号系列探测器的任务是在载人登月之前,在月球上实现软着陆,试验软着陆技术,证明软着陆对人有没有危险,并选择载人登月的地点。"勘测者"号探测器发射重量为1000千克,高3.3米,用于支撑探测器由3条腿组成的着陆支架的底部直径为4.5米。每个探测器上都配有一台电视摄像机,通过一面转动的镜子来观察周围环境。勘测者号系列探测器利用宇宙神——半人马座火箭在卡纳维拉尔角发射,共发射了7颗"勘测者"号探测器。

"勘测者1"号、"勘测者3"号、"勘测者5"号、"勘测者6"号、"勘测者7"号均成功实现软着陆,"勘测者1"号、"勘测者3"号、"勘测者5"号、"勘测者6"号成功地着陆于月球赤道附近的暗区,"勘测者7"号成功地着陆于月

美国"勘测者"号月球探测器

球表面的环形山。"勘测者"系列的 5 次成功着陆，共发回了 86000 多张 70 毫米的高清晰照片，它们所获取的数据资料为"阿波罗"登月地点的选择提供了依据。

"勘测者3"号和"7"号上还配有月面取样器（可伸缩的掘土铲），由电视摄像机监视其掘土情况，以判断月面的硬度。"勘测者5"号、"勘测者6"号和"勘测者7"号上还带有 α 放射源，利用 α 粒子散射来对月球作化学分析。

美国"勘测者"号月球探测器情况表

	日期	探测器名称	任务类型	运载火箭	说明
1	1966 年 5 月 30 日	"勘测者1"			美国首次成功软着陆
2	1966 年 9 月 20 日	"勘测者2"			着陆失败
3	1967 年 4 月 17 日	"勘测者3"			第二次软着陆
4	1967 年 7 月 14 日	"勘测者4"	软着陆	"宇宙神— 半人马座"	着陆失败
5	1967 年 9 月 8 日	"勘测者5"			成功
6	1967 年 11 月 7 日	"勘测者6"			成功
7	1968 年 1 月 7 日	"勘测者7"			成功

美国月球轨道器

为尽快完成"阿波罗"号飞船登月前的准备工作，美国采取兵分两路的办法，在"勘测者"号实地考察的同时，另一种月球轨道环行器则在绕月轨道上拍摄月球表面的详细地形照片，绘制细微部分的月面图，为"阿波罗"号船选择最安全的着陆点。月球轨道器由仪器舱、推进舱和防护舱组成，外形像一个去掉头部的锥体，底部直径为 1.5 米、高 1.65 米，它的 4 个太阳能翼展开时长度为 3.72 米。可为探测器的铁镍镉蓄电池充电并提供 375 瓦的电力。美国共发射了 5 颗月球轨道器，全部获得成功。

"月球轨道环行器1"号、"月球轨道环行器2"号、"月球轨道环行器3"号的任务是在围绕月球"赤道"的低轨道飞行。其中"月球轨道环行器2"号的轨道最低时达到距离月面394米的高度，它用广角照相机拍摄到了许多清晰可见的月面照片，这些照片有许多至今还被完好无损地保存着。3个环行器共对40多个预选着陆区进行了拍摄，获得了1000多张高清晰度的月面照片，美国据此选出约10个候选登月点。

美国月球轨道环行器

由于前3个"月球轨道环行器"高质量地完成了任务，已研制成的"月球轨道环行器4"号、"月球轨道环行器5"号只好"另谋高就"，改为执行别的任务。它们在绕月球极轨道上飞行，拍摄更大面积的月球表面照片，并监视近月空间的微流星体和电离辐射。5个轨道环行器在1年时间里，对月面上99%的地区进行了探测，拍摄了大量高分辨率的照片，获得了月球表面的放射性和矿物含量等大量资料以及有关月球引力场等数据。最后，5个"月球轨道环行器"撞在月面上"以身殉国"。

有了"徘徊者"号、"勘测者"号和月球轨道环行器获得的这些月球情报以及1965～1966年10次"双子星座"号载人飞船飞行获得的经验，美国载人登月行动已是箭在弦上，顷刻即发。

美国月球轨道器探月情况表

	日期	探测器名称	任务类型	运载火箭	说明
1	1966年8月10日	"月球轨道器1"			
2	1966年11月6日	"月球轨道器2"		"宇宙神 SLV3－阿金纳D"	成功
3	1967年2月5日	"月球轨道器3"	环月探测		
4	1967年5月4日	"月球轨道器4"			
5	1967年8月1日	"月球轨道器5"			

"阿波罗"登月计划

在人类对宇宙不懈探索的历史上，20世纪六七十年代由美国实施的"阿波罗"登月计划无疑是其中壮丽的一笔。这次登月活动从1961年5月25日美国总统肯尼迪正式宣布实施开始，一直持续到1972年12月底"阿波罗"计划结束，历时11年，总投资250亿美元，共实施了7次登月飞行，除"阿波罗13"号飞船出现故障而失败外，其余6次都成功地实现了登月飞行，共有12名航天员实现了登月，他们在月面总共停留302小时20分钟，在月面活动共80小时32分钟，航天员在月面上累计活动行程逾90千米，共收集和带回月球土壤和岩石样品381千克。1969年7月16

"阿波罗11"号机组成员

（从左至右分别是阿姆斯特朗、科林斯和奥尔德林）

日，"阿波罗11"号宇宙飞船，搭载3名航天员首次实现了登月活动。飞船指令长阿姆斯特朗自登月舱扶梯走下来，踏上月球表面时，虽然只是一小步，却代表了人类在太空探险的领域上向前迈了一大步！

前苏联的载人登月计划其实不比美国晚，可是其运载火箭不可靠，接连发生了几次灾难性的失败。美国率先登上了月球后，结局已定，前苏联最终放弃了登月，转而研发空间站技术。

运载"阿波罗"飞船的火箭

航天活动一向是运载先行，在登月方案酝酿前，从1957年起，美国就在著名火箭专家冯·布劳恩的领导之下，开始了大型火箭的研制。"阿波罗"工程共研制了3种运载火箭："土星1"号、"土星1"号B和"土星5"号。

"土星1"号是初级火箭，仅用于试验，以便为巨型火箭的研制提供经验。这种火箭共制造了10枚，分为2组。第一组4枚，仅试验第一级，上面加配重；第二组6枚，试验第一、二级。它总共进行了10次飞行试验，均获得了成功。其中第6次和第7次试验了"阿波罗"号飞船的样件，最后3次用于发射人造地球卫星。

"土星1"号火箭的第一级S—1由8个圆柱形贮箱段捆绑而成，长24.4米，用8台推力为833.5千牛的H—1发动机，推进剂为液氧和煤油，在尾段外面装有8个稳定尾翼。第二级S—4用6台RL—10液氧液氢发动机，每台推力为66.7千牛。第二级上面是过渡段，内装制导和控制系统。火箭全长38.5米（不包括有效载荷），直径6.55米，起飞质量约508吨，起飞推力6668千牛。

"土星1"号B也是两级火箭。第一级S—1B与"土星1"号火箭的第一级相同，但改进了制造方法，质量明显减轻，H—1发动机的性能也得到改善，总推力提高到7297千牛。第二级矗立在肯尼迪航天中心的"土星5"号火箭S—4B改用一台大推力的J—2液氧液氢发动机，推力高达1000千牛，工作时间约450秒。第二级上面是仪器舱，高1米，直径6.55米，内装自主式制导系统、控制系统和各种仪表。火箭全长44米，直径6.55米，起飞质量约587吨。火箭的低轨道运载能力达18吨。"土星1"号B火箭曾用于"阿波罗"号飞船某些分系统的试验，如指挥舱再人防热试验、登月舱推进系统试验、指挥舱和服务舱的载人飞行试验等。

承担把"阿波罗"号飞船送上月球这一光荣而艰巨使命的是"土星5"号巨型运载火箭。它全长110.6米，约相当于40层楼那么高，起飞质量

"土星5"号火箭

2930 吨，是迄今为止飞离地球的最重的物体。这种火箭在今天看来仍然是"神力无敌"，它能把重 127 吨的有效载荷送上地球低轨道，或是把 48.8 吨重的飞船送上奔赴月球的逃逸轨道。"土星 5"号是一种三级液体火箭，由 S—1C 第一级、S—2 第二级、S—4B 第三级、仪器舱和有效载荷组成。第一级长 42 米，直径 10 米，到尾段底部直径增大到 13 米。尾段上装有 4 个稳定尾翼，翼展约 18 米。采用 5 台 F—1 发动机，推进剂为液氧和煤油，总推力达 33350 千牛。第二级长 25 米，直径 10 米，采用液氧液氢推进剂，共用 5 台 J—2 发动机，真空总推力达 5109 千牛。第三级采用"土星 1"号 B 火箭的第二级，仪器舱也和"土星 1"号 B 的相同。

在完成登月任务后，"土星 5"号火箭退役了，如今它的模型静静地躺在博物馆中，享受着世界第一的殊荣。

智慧的结晶——"阿波罗"号飞船

美国的载人登月工程被称为"阿波罗"工程。在希腊神话中，"阿波罗"是太阳神的名字，他是智慧的化身，也是月亮女神的哥哥，哥哥去探望妹妹是天经地义的事情，让飞船拥有太阳神的智慧更是美国人最美好的愿望。而此后"阿波罗"号飞船的表现也证明了它是人类智慧的结晶。

"阿波罗"号飞船身形高大，总高 25 米，直径 10 米，重约 45 吨，由指挥舱、服务舱和登月舱 3 部分组成，最多能乘坐 3 名航天员。

指挥舱是航天员在飞行途中生活和工作的座舱，也是整个飞船的控制中心。该舱为圆锥体，高 3.2 米，重约 6 吨。指挥舱壳体结构分为 3 层：内层为铝合金蜂窝夹层结构，中层为不锈钢蜂窝夹层隔热层，外层为环氧—酚醛树脂烧蚀防热层。舱内充以 34.3 千帕压强的纯氧，温度保持在 21 摄氏度~24 摄氏度。整个指挥舱分前舱、乘员舱和后舱 3 部分。前舱内放置着陆部件、回收设备和姿态控制发动机等。乘员舱为密封舱，存有供航天员生活 14 天的必需品和救生设备。后舱内装有 10 台姿态控制发动机及各种仪器和燃料箱，还有姿态控制、制导导航系统以及船载计算机和无线电分系统。

服务舱的前端与指挥舱对接，后端有推进系统主发动机喷管。舱体为圆筒形，高 6.7 米，直径 4 米，重约 25 吨。服务舱采用轻金属蜂窝结构，周围分为 6 个隔舱，容纳主发动机、推进剂贮箱和增压、姿态控制、电气等系统。主发动机推力达 95.6 千牛，由计算机控制，用于轨道转移和变轨机动。姿态控制系统由 16 台火箭发动机组成，除用于姿态控制外，还用于飞船与第三级火箭分离、登月舱与指挥舱对接和指挥舱与服务舱分离等。

登月舱由下降级和上升级组成，从地面起飞时重 14.7 吨，宽 4.3 米，最大高度约 7 米。下降级由着陆发动机、4 条着陆腿和 4 个仪器舱组成。着陆发动机推力可在 4.67~46.7 千牛内调节，发动机摆动范围为 6 度。着陆腿末端有底盘，上面装有触地传感器。下降级内还装有着陆交会雷达和 4 组容量为 400 安时的银锌蓄电池。上升级为登月舱主体。航天员完成月面活动后即驾驶上升级返回环月轨道与指挥舱会合。上升级由航天员座舱、返回发动机、推进剂贮箱、仪器舱和控制系统组成。座舱可容纳 2 名航天员，有导航、控制、通信、生命保障和电源等设备。座舱前方有舱门，门口小平台外接登月小梯。返回发动机推力为 15.6 千牛（不可调），可重复启动 35 次。姿态控制系统包括 16 台小推力发动机。仪器舱装有两组容量为 296 安时、互为备份的银锌蓄电池。

登月飞行包括 4 个步骤：①第一和第二级火箭将飞船送入环绕地球的中间轨道；②发动第三级火箭，进入向月球飞行的轨道，在第三级飞行末段。指挥舱和服务舱与第三级火箭分离，指挥舱和服务舱调转 180° 后与仍和第三级连在一起的登月舱对接，再与第三级分离；③服务舱的发动机启动，使飞船进入绕月飞行的轨道；④登月舱分离并转入下降轨道，最后在月球表面着陆。

返回时的第一步是登月舱的上升级分离并起飞；第二步是登月舱的上升级与在绕月轨道上飞行的指挥舱对接；第三步是登月航天员返回指挥舱并与登月舱上升级分离后进入向地球返回的轨道；第四步是指挥舱与服务舱分离并再入大气层。

登陆月球

1966 年底，在 3 次不载人飞船连续发射成功之后，美国决定在 1967 年 2 月 21 日进行"阿波罗"号飞船的首次载人试验飞行。这次发射代号为 AS—

204，即"阿波罗1"号。

将要在"阿波罗1"号飞行中出征的是格里索姆、怀特和查菲3人。其中指令长格里索姆曾在"水星"和"双子星座"计划中两度飞临太空，怀特曾乘"双子星座4"号飞船升空，并进行了美国的首次太空行走，查菲还从未进入过太空，此次他跃跃欲试，要一展身手。在地面准备和测试阶段，"阿波罗1"号总是出问题，迈向月球的这第一步充满了艰难与险阻。

1967年1月27日，星期五，下午1时，"阿波罗1"号的3名乘员进入指挥舱进行例行的地面试验。进入飞船后，格里索姆把他的航天服与舱内供氧系统相连时，闻到了一股"酸味"。于是航天员们停下手头的工作，抽取了空气样品。试验继续进行。紧接着，氧气流动异常主警报器发出了警告。飞船环境控制系统技术人员当时认为是舱内乘员的运动引发了警报器。不久，格里索姆又与地面控制部门失去了通信联系。通信恢复后格里索姆说："如果现在就联系不上，等我们到了月球又怎么办？"

试验仍在进行。突然，舱内的查菲像是不经意地说："火，我闻到了火的气味。"2秒后，怀特更加肯定地说："舱里着火了！"然而，由于"阿波罗1"号采用了新的机械式舱门，在舱内不可能很快将门打开，3名航天员失去了逃生的机会。待技术人员赶到时，大火已横扫座舱，烈火和浓烟吞噬了舱内的一切。

美国失去了3名最优秀的航天员。事后调查表明，大火始于座舱左侧一束导线或其附近出现的一个小火花。因为当时飞船已做完了加压试验，舱内充满了纯氧，火花的出现无异于把3名航天员置于一颗炸弹的中心。

这次大火使"阿波罗"飞船的首次载人飞行试验推迟了一年半，但载人航天事业并没有因此停止前进的步伐。这正如格里索姆曾经说过的话："如果我们牺牲了，希望人们能够接受。我们从事的是一项危险的工作，我们希望不管发生了什么事都不要影响登月计划的实施。征服太空值得我们冒生命危险。"在这段时间内，美国对"阿波罗"飞船进行了重新设计，并对航天员的安全问题给予了更多的考虑，包括使舱门能在2~3秒内自动打开，对防火、生命保障系统等进行不同程度的改进。航空航天局还决定再发射几次无人飞船，以对飞船各系统进行更广泛和细致的试验。1967年11月9日，"阿波罗

4"号飞船升空，它的主要目的是检验火箭和指挥舱发动机。1968年1月22日发射的"阿波罗5"号飞船试验了登月舱下降和上升推进系统。同年4月4日，"阿波罗6"号飞船又对整个飞行器的所有功能进行了全面试验。

1968年10月11日，"阿波罗7"号飞船由"土星1"号B二级运载火箭发射升空。这是"阿波罗"计划中的首次载人飞行。3名航天员是指令长沃尔特—希拉、指挥舱驾驶员唐·艾西尔和登月舱驾驶员沃尔特·坎宁安。希拉曾在"水星"和"双子星座"计划中两次执行太空飞行任务，而另两人则是第一次进太空的新人。

与"阿波罗1"号相比，"阿波罗7"号的指挥舱与服务舱做了重大修改，采用了新的结构和试验方法，安装了新的测试设备。它此行的主要任务就是在地球轨道上验证上述系统的功能，检验飞船的数据系统，演练交会对接，同时要在多种飞行方式的转换过程中测试辅助推进系统。

当飞船按预定程序与火箭第二级分离并拉开一定距离后，航天员通过手动操作，将飞船调过头来，这样航天员们就可以通过指挥舱的窗口看到已分离的火箭第二级。"阿波罗7"号飞船没有装登月舱，但在二级火箭顶端安装了一个与未来登月舱的接口一模一样的装置，航天员们用它来试验接口的各种性能。航天员们还成功地进行了两次交会对接试验，其中第一次试验由对接雷达提供了距离和方位。

按计划，"阿波罗7"号还需要在飞行的第3天进行首次太空电视直播。到了这一天，航天员们先仔细检查了电视转播要用的设备，在确认一切无误后，通知地面人员开始直播。希拉对着镜头举起了几张卡片，上面写着"欢迎到'阿波罗'号来做客"和"给大家问个好"等字样。他们还在镜头前演示了起居活动、飞船操纵、吃饭和在失重状态下飘浮等情景。说起这次直播，还有一段插曲。飞船升空的次日，地面人员提出把直播提前到这一天进行，但航天员们没有同意。为此双方发生了火药味颇浓的争吵。希拉后来解释说，他们之所以不同意提前直播是想仔细检查所用设备。他说："我对因线路故障引起的那场大火记忆犹新。另外，我需要时间对首次电视直播进行完整构思，不能敷衍了事。"

飞行中，3名航天员制定了作息时间表，轮流值班，以便让每个人都能得到充分的休息。但糟糕的是，起飞 15 小时后，希拉就患了重感冒，并传染给了另外 2 人。由于没有重力，感冒者要不断地用力擤鼻涕，震得耳鼓生疼。由于身体不舒服，3 人都变得暴躁易怒，甚至将这一情绪带给了地面控制人员。而在太空飞行中，天上与地面之间的精诚配合非常重要，互相猜疑对飞行是十分不利的。飞行结束前几天，航天员们又开始担心，再入大气层时戴上头盔，会妨碍他们擤鼻涕，希拉甚至想不穿航天服返航。好在航天员们都经过严格的选拔和训练，能够尽量控制自己的情绪。最终，在地面人员的说服下，他们还是全副武装地再入了大气层。

在绕地飞行了 260 小时后，10 月 22 日，"阿波罗 7"号飞船溅落在大西洋上，距预定着陆点只差 2000 米。"阿波罗 7"号的成功，把"阿波罗"计划从火灾的阴影中解救了出来，确认了飞船的可靠性，为后续飞行铺平了道路，它的飞行称得上是重树信心之旅。

"阿波罗 8"号三位宇航员

"阿波罗 8"号是第一艘载人环月飞行的飞船，执行这次飞行任务的 3 名航天员是指令长弗兰克·博尔曼、指挥舱驾驶员詹姆斯·洛弗尔和登月舱驾驶员威廉·安德雷斯。

1968 年的圣诞节前，12 月 21 日 7 时 51 分，"土星 5"号火箭在刺骨的寒风中开始点火，这是这种巨无霸型火箭的首次发射。约 11 分钟后，火箭的第三级和飞船进入地球轨道。10 时 17 分，"阿波罗 8"号进入向月球过渡的轨道，把人类的太空飞行带入了一个新的时代。

23 日下午 3 时 29 分是历史性的一刻。此时飞船距地球 326400 千米，距月球 62600 千米。此前，由于受地球引力的影响，飞船的速度已降低。而从这一刻起，飞船进入了月球引力场，在月球的吸引下，开始慢慢加速。23

日晚，航天员们点燃发动机，飞船进入月球轨道。之后，飞船飞到月球背面，中断了与地面的所有联络。当飞船到达环月轨道的近月点时，洛弗尔启动发动机为飞船加速。此时，飞船的近月点为84千米，在月球的背面；远月点为230千米，在近地一面。

绕月飞行10圈后，在月球背面的近月点处航天员将点燃发动机，为飞船加速，以便克服月球的引力返航。由于飞船与地面的联络已中断，此时的地面控制中心里气氛紧张，好像凝固了一般。如果点火失败，或是发动机工作时间太短，航天员们就将陷入困境。如不能及时补救，他们就可能永远留在月球轨道上。这是人类首次环月飞行，会不会出意外？人们的心几乎都提到了嗓子眼儿。等待中，时间似乎过得特别慢。突然，地面控制中心收到了飞船的遥测信号，几分钟后，传来洛弗尔激动的声音。这是最好的圣诞礼物了，欢呼声立刻响彻地面控制中心。收到信号就意味着点火成功，航天员们胜利踏上了返乡之路。

12月27日，"阿波罗8"号进入地球大气层。随后，服务舱被抛掉。洛弗尔利用手动装置调整了飞船的方向，飞船最后安全地溅落在太平洋上。"阿波罗8"号成功的载人环月飞行表明，美国朝着登月目标迈出了坚实的一步。

"阿波罗9"号是第一艘以登月配置发射的"阿波罗"号飞船，飞船上的3名航天员分别是指令长詹姆斯·麦克迪维特、指挥舱驾驶员大卫·斯科特、登月舱驾驶员拉塞尔·施韦格特。飞船原定于1969年2月28日发射，但由于3名航天员都患了感冒，鉴于"阿波罗7"号的情况，发射推迟了几天。

3月3日上午11时，"土星5"号火箭腾空而起，火箭的飞行非常平稳。起飞11分钟13秒后，S—4B第三级点火，把飞船送入距地面190千米的轨道。3名航天员开始了名副其实的太空生活。他们尽量缓慢地做着各种操纵飞船所必需的动作，尤其十分注意避免头部的突然转动，以免加重刚来到微重力环境时出现的眩晕。

起飞2小时43分钟后，斯科特把火箭和指挥舱分开。待两者离开一段距离后，他操纵飞船转了180度，与仍在火箭顶部的登月舱成功对接，并将其从火箭上拉出，首次在太空驾驶着完整的"阿波罗"号飞船离开了火箭。接下来的一天，航天员们开始为将要进行的各项试验做准备。

第3天早晨，麦克迪维特和施韦格特为航天服加了压，准备进入登月舱。就在这时，施韦格特突然呕吐起来。处理完这件麻烦事后，两人相继从指挥舱进入登月舱，然后关闭了通往指挥舱的舱门。登月的一个重要环节是部署着陆装置。施韦格特按动按钮后，登月舱的着陆支架优雅地伸展开来。然后，他们又对登月舱的操纵系统等进行了一系列试验。在登月舱中，两人还试用了将要在月面上使用的电视摄像机，不定期地向地面进行了短时直播。9小时后，两人返回了指挥舱。

人类登月七大步骤

1959年，前苏联发射的"月球1"号飞到月球附近，进行绕月飞行，开始了人类对月球的考察。1961年5月，美国提出"阿波罗"月球探测计划。1969年7月20日，"阿波罗"登月舱降落到月面，开始了人类有史以来的登月活动。

美国宇航员登月七大步骤

第一步，先将分离的"货船"和"宇航员探险车"。分别通过火箭发射到地球轨道上。

第二步，"宇航员探险车"将在地球轨道上和"货船"上的登月车、"离开地球推进器"进行对接。

第三步，"离开地球推进器"点火，将"宇航员探险车"和"货船"送往月球。

第四步，飞船抵达月球轨道后，4名宇航员将乘坐"登月车"一起登陆月球表面，而"宇航员探险车"则仍然停留在月球轨道上。

第五步，宇航员利用"货船"带去的23吨重地球原料，在月球表面建设"月球基地"，4名宇航员将在月球待上1周时间，然后乘坐"登月车"的上升器飞离月球表面。

第六步，宇航员重新进入月球轨道上的"宇航员探险车"，飞回地球。

第七步，返回太空舱将在美国西部的3个地点之一通过降落伞降落地面。

鲜为人知的"阿波罗"事故

"阿波罗13"号登月飞行，是一次险象环生的自救飞行。

　　"阿波罗11"号和"阿波罗12"号成功登月后,"阿波罗13"号奉命载人再次登月,但是这次登月飞行由于发生了一次大事故而失败。

　　1970年4月13日晚9时17分,"阿波罗13"号载着罗威尔、史威格和海斯三名航天员飞行离地球已达30万千米,就在这时飞船一个液氧箱发生爆炸,爆炸引发一系列危险:燃料即将耗尽,电池组不能正常供电,飞船不能按正常轨道飞行,舱内温度和压力下降,航天员生命危在旦夕。

　　在危急时刻,航天员根据地面指令沉着应对,从指令舱爬到登月舱内,利用登月舱发动机将飞船推到返回轨道。在这条轨道上地球引力可将飞船拉回来,使之飞向地球。

　　4月17日,"阿波罗13"号接近地球,罗威尔在登月舱里启动4台姿态控制火箭校正轨道。史威格操纵指令舱,将服务舱分离,然后

"阿波罗13"号降落在太平洋海域

他们都回到指令舱,下午12时07分,"阿波罗13"号指令舱安全降落在太平洋海域里。

"阿波罗"技术试验阶段及登月试验阶段情况表

	日期	探测器名称	运载火箭	任务类型	说明
1	1966年2月26日	"阿波罗-201"			成功
2	1966年7月15日	"阿波罗-203"	"土星1B"		成功
3	1966年8月25日	"阿波罗-202"			成功
4	1967年1月27日	"阿波罗1"		入地球轨道试验	射前座舱失火,3人牺牲
5	1967年11月9日	"阿波罗4"	"土星5"		成功
6	1968年1月22日	"阿波罗5"			成功
7	1968年4月4日	"阿波罗6"			失败
8	1968年10月11日	"阿波罗7"	"土星1B"	载人地球轨道	试验3人成功环地球

续表

	日期	探测器名称	运载火箭	任务类型	说明
9	1968 年 12 月 21 日	"阿波罗 8"		载人环月	试验 3 人成功环地球
10	1969 年 3 月 3 日	"阿波罗 9"		登月舱载人地球轨道试验	3 人成功环月
11	1969 年 5 月 8 日	"阿波罗 10"		载人环月	3 人成功环地球
12	1969 年 7 月 16 日	"阿波罗 11"			3 人成功环月
13	1969 年 11 月 14 日	"阿波罗 12"			2 人成功登月，1 人环月
14	1970 年 4 月 11 日	"阿波罗 13"	"土星"		2 人成功登月，1 人环月
15	1971 年 1 月 31 日	"阿波罗 14"		载人环月	液氧箱爆炸
16	1971 年 7 月 26 日	"阿波罗 15"			3 名航天员环月
17	1972 年 4 月 16 日	"阿波罗 16"			2 人成功登月，1 人环月
18	1972 年 12 月 7 日	"阿波罗 17"			2 人成功登月，1 人环月

登月第一人

阿姆斯特朗曾是一位美国国家航空航天局的宇航员、试飞员、海军飞行员，以在执行第一艘载人登月宇宙飞船"阿波罗 11"号任务时成为第一名踏上月球的人类而闻名。尼尔·阿姆斯特朗的第一次太空任务是 1966 年执行的"双子星 8"号的指令长。在这次任务中，他和大卫·斯科特一道完成了第一次航天器的对接。阿姆斯特朗的第二次，也是最后一次太空任务就是著名的 1969 年 7 月的"阿波罗 11"号。阿姆斯特朗跨出"鹰"号登月舱，将左脚踏到月球表面上，留下那著名的脚印，成为人类历史上登陆月球第一人。在这次"人类的一大步"中，阿姆斯特朗和巴兹·奥尔德林在月球表面进行了两个半小时的月表行走（迈克尔·科林斯在指令舱中环绕月球）。

逐渐兴起的新一轮登月热潮

前苏联、美国的月球探测获得了无价的月球样品、数据和探月经验，大大促进了人类对月球、地球和太阳系的认识，带动了一系列基础科学与应用科学的创新和发展。

月球探测带动了月球科学，尤其是月球地质学的发展。人类第一次对除我们居住的地球之外的天体有一个系统的了解，包括对物理特性、轨道参数、空间环境、表面结构与状态、矿物岩石与化学组成、内部物质构成等的了解。

月球探测还催生了一些新的学科如比较行星学。大量探测数据和样品分析结果，使得对地球与月球的详细比较研究成为可能，并依此延伸到探测数据有限的其他行星的对比研究，极大地加深了人类对其他类地行星的认识同时，由于在地球上研究地球不可避免地会导致"近视"，要完全了解我们居住的星球，必须研究其他行星，比较其异同之处，因此月球探测科学研究也促进了地球科学的发展。

21世纪，月球探测将进入一个新的高潮期，这期间除了发射月球探测器对月球做进一步深入探测以外，开发利用月球资源，建立月球基地将成为新一轮月球探测热潮的重要目标。

美国：重返月球计划

在20世纪90年代美国又发射了"克莱门汀"和"月球勘探者"两颗月球探测器。

"克莱门汀"探测器

1994年1月25日，由"大力神"火箭从范登堡空军基础发射"克莱门汀"环月探测器，2月21日进入月球轨道，该探测器重424千克，三轴稳定，它装载有紫外/可见光相机、近红外相机、高分辨率相机、激光雷达系统、长波红外相机、星跟踪器相机等设备。其主要目标是对美国国防部下一代卫生所需的轻型成像遥感器及组件技术进行空间鉴定。它获取的180万张月面图像证明月球极区可能有水存在。

"月球勘探者"探测器

1998年1月7日,用"雅典娜2"火箭从卡纳维拉尔角46号工位发射了"月球勘探者"探测器。它是继"阿波罗"计划后美国发射的第二颗环月探测器,采用自旋稳定方式,质量295千克,环月轨道高度为100千米,其主要载荷为γ射线探测仪、α粒子探测仪、磁场仪和多普勒重力计。这项计划耗资0.59亿美元,主要任务是对月球火山口的寒冷区和极区冰的含量进行测定,为今后建立月球基地获取资料,还将完成月球表面化学成分的测定、月球全球磁场和引力场的测绘。"月球勘探者"所发回的数据比"克莱门汀"探测器要详细得多,这对了解月球起源和整体构造具有重要参考价值。

2004年1月14日,美国总统布什在位于华盛顿的美国宇航局总部发表讲话中,宣布新太空计划,重返月球是其中的最重要的任务。美国航天员最早将于2015年,最晚不超过2020年重返月球,并将在月球上建立永久性常驻基地,以月球作为跳板,为下一步将人送上火星甚至更遥远的星球做准备。为了实施这一宏大的计划,美国将投入2000多亿美元资金,并研制新的运载火箭、载人飞船和月球工作居住舱。

具体来说,前总统布什的太空计划内容包括完成空间站建设、停飞航天飞机、航天员重返月球、人类登上火星等。这个太空计划雄心勃勃,正如布什自己所说:"不知道这次旅行将在哪里结束"。

长期以来,美国航天界对美国载人航天的下一步目标,是登上火星还是重返月球,一直存在争论。虽然美国有许多人对火星情有独钟,但登火星在技术和经费上都有巨大困难。显然,在月球上建立太空基地,要比登上火星容易得多。首先,月球与地球的距离较近,事实证明,采用现有的火箭技术,可以将人和货物送上月球,月球与地球之间的通信也没有任何问题。其次,月球没有火星上的那种沙尘暴,在月球表面较容易着陆。当然月球上丰富的资源也具有极大的吸引力。

为了达到重返月球的目标,美国必须重新设计在月球着陆的航天运输系统。在1969~1972年,美国在执行登月任务时使用的"阿波罗"号飞船系统，只是为一次着陆和短暂逗留设计的，指挥舱只能装载 3 人，月球登陆舱则只能容纳 2 人。因此，美国必须设计出布什称为"乘员探索飞行器"的新一代飞船。这种飞船能够向月球运送一组航天员和大批物资设备。显然，它将不同于美国原有的"阿波罗"号飞船和现有的航天飞机。另一个技术难题是能源问题。在月球上建立太空基地，需要建立太阳能电站或核反应堆。如果美国计划在 2030 年之后将航天员送上火星，看来还必须发展采用新能源的火箭如核动力火箭，以缩短航天员的飞行时间。

美国在通过"水星"号飞船和"双子星座"号飞船掌握了载人航天的基本技术之后，在 1961～1972 年，耗费 240 亿美元研制了"土星"号系列运载火箭和"阿波罗"号登月飞船，先后完成了 6 次登月飞行，把 12 人送上了月球，实现了登月方面超过前苏联的目的，也促进了科学技术的进步。但这项耗资巨大的计划由于缺乏应用目标而无法继续下去，美国不得不转向近地太空的开发，研制航天飞机和空间站。这样，在登月计划中研制的"土星"号系列火箭（"土星 5"号的低轨运载能力为 126 吨）和发展得比较成熟的飞船技术，至今还没有得到进一步的应用。美国在研制航天飞机和国际空间站过程中，虽然在技术上取得了许多重大突破，在太空科学实验方面，也取得了一大批成果，但也有不少人认为，它所花的费用远远大于它的科学目的和实际用途。2003 年 2 月 1 日，美国"哥伦比亚"号航天飞机机毁人亡，又再次引起了人们对国际空间站的广泛争议。在这种背景下，布什提出太空新计划既可以激发民族自豪感，也可以重新修正美国航天的发展方向。

2005 年 9 月 19 日，美国正式宣布新的登月计划，新登月计划将耗资 1040 亿美元，将采用新一代航天工具，包括新型运载火箭、形同"阿波罗"号的宇宙飞船和登陆舱。如果一切顺利，美国航天员将在 2018 年（最迟 2020 年）重新登上月球。

新型载人航天器将结合航天飞机和"阿波罗"登月工程中安全可靠的设计和技术，性能更佳。新运载火箭将使用航天飞机的主要部件，诸如外挂燃料箱、固体燃料助推火箭和主发动机，并分为体积较小的载人火箭和体积较大的货运火箭两种，其中货运火箭大小与 109 米高的"土星 5"号运载火箭接近，用来把货物运到月球表面，留做储备。航天员乘坐的宇宙飞船，名叫

"载人探索飞行器",将被置于运载火箭顶部,它的外形酷似放大了的"阿波罗"号,但质量增加 1/2,能搭载 6 名航天员,在月球轨道运行达 6 个月之久,并能送 4 名航天员登上月球,在月球上逗留 4~7 天。

着眼国际合作的俄罗斯

20 世纪 60 年代,发生在美、苏两个航天大国之间的那场登月竞赛给俄罗斯人留下的是失败的痛苦回忆。

1958 年,前苏联完成了对发射人造地球卫星的火箭的改造,使之可以发射月球探测器。当时有一些科学家建议把一枚原子弹送上月球并在月球上引爆,让全世界的天文学家都来拍摄爆炸时的情景,以此显示前苏联的技术实力。但物理学家认为,由于月球上没有大气,核爆炸的时间可能会很短,很难让地面上的天文学家拍摄到爆炸时的景象。因此,前苏联当局否定了这个建议。后来,前苏联政府把注意力转向载人登月上,从此开始了与美国长达 10 年之久的登月竞赛。

与美国一样,前苏联的登月飞行任务也打算使用一种大型运载火箭和一个轨道联合体来完成。登月运载火箭代号为"N1"号。1964 年,前苏联政府决定要赶在美国之前率先将航天员送上月球。为完成这项任务,1962~1966 年,"N1"号方案几经修改,有效载荷质量从最初的 50 吨增加到近 98 吨,第

"N1"号火箭残骸

一级发动机的数量也从 26 台增加到 30 台。为了赶进度，第一次发射时，这些发动机都没来得及集体试车，就组装在一起发射，结果酿成了重大的发射事故。由于技术问题和设计过于复杂，"N1"号火箭在后来的几次发射中，也都以惨败而告终，导致了前苏联登月计划的破产。后来，俄罗斯航天专家总结经验时说："这是一场不公平的竞争。当时美国比我们富裕多了，特别是当时苏联的国力由于与德国法西斯的战争和军备竞赛而被削弱了很多。登月竞赛一开始，我们就知道，我们不可能赢。"

而现在，在新一轮月球开发热中，俄罗斯人以低调和务实的姿态开始月球研究，充分发挥自己的长处，将重点放在月球车的开发和人类在长期宇宙航行中的生命保障系统研究上，并在各项航天事业中积极谋求国际合作。

除了准备参加印度的月球探测计划外，俄罗斯与欧洲空间局在太空开发和卫星的商业发射领域的合作已进入了一个重要阶段，通过俄罗斯独一无二的宇航技术与欧洲空间局的科技和资金二者的结合，全新的六座位宇宙飞船"快船"号有可能在 2010 年前取代"联盟"号载人飞船。新飞船能将人员与货物送入轨道站，需要时可将航天员与设备紧急撤回地球。它能用于长达 10 昼夜的自动轨道飞行，也可用于科研目的。此外，俄罗斯还与德国加紧合作，研究航天员如何预防空间辐射这一当代航天事业中最为复杂、最为紧迫的任务。

俄罗斯在载人航天方面拥有丰富的经验，因此也有可能参与美国新太空计划，包括火星考察人员的培训等。

俄罗斯的月球计划大体分 3 个阶段：2010～2015 年为第一阶段，使用"联盟"号系列飞船开展月球探测；2015～2020 年为第二阶段，实现航天员登月，建立经常性的月球交通体系，即先用"快船"号新型飞船把氦－3 从月球运到停在国际空间站的太空拖船上，然后再用这种可携带 25 吨货物的太空拖船把氦－3 运回地球。2020～2025 年为第三阶段，在月球上建立常设基地，开发氦－3 能源。

欧洲未来的月球探测

早在 1994 年，欧洲空间局就提出了重返月球、建立月球基地的详细计划。1994 年 5 月欧洲空间局召开了一次月球国际讨论会，会议一致认为人类在机器人技术、电子技术和信息技术等方面取得的巨大发展，已使人类对月球进行低成本的探测和研究成为可能。在此基础上，欧洲空间局成立了月球研究指导小组，提出了今后应加强月球探测与研究，主要包括：发射月球极地卫星，研究和获取高分辨率的月面地貌、化学和地质图像；设立月面站和机器人系统，测量月岩化学成分和矿物成分，采取月球样品，用于地面研究。2020 ~ 2035 年载入登月，建立月球基地。

2003 年 9 月 27 日格林尼治时间 23：00，欧洲空间局从法属圭亚那的库鲁航天发射中心成功发射了"智慧 1"号月球探测器，这是 21 世纪人类发射的第一颗探月卫星。虽然"智慧 1"号只是一颗小卫星，主要目的在于通过探月的实践，检验在未来深空探测中将使用的一系列高新技术，但它已经把新一轮探月高潮的序幕拉开了。

"智慧 1"号月球探测器的英文名为 SMART—1，它是 Small Missions for Advanced Research in Technology 的缩写，意思是研究先进技术的小型航天器。作为欧洲探月的急先锋，"智慧 1"号就像一个飞向月球的小精灵，它的外形近乎正方体，尺寸为 1570 × 1150 × 1040 毫米，发射时的质量为 370 千克，太阳能帆板展开后翼展为 14 米，能提供 1.9 千瓦的电力，造价约 1.08 亿美元。由于总经费较少，"智慧 1"号大量采用了模块化、通用化设计，结构紧凑，而且它上面的许多零配件都是直接从商店购买，这使其成为了小型化的杰作。它携带的用于完成 10 多项技术试验和科学研究的有效载荷的质量仅为 19 千克。

"智慧 1"号装载着 6 种科学仪器，其中 3 套遥感仪器用于月球探测，它们分别是多光谱微型照相机、高分辨率的红外光谱仪和小型 X 射线光谱仪。

多光谱微型照相机平均分辨率为 80 米，在 300 千米近月点的分辨率为 30 米（美国月球"勘测者"号的空间分辨率为 200 米）。通过对极区高分辨率成像，可辨别阴影区，进而寻找陨石坑中的水冰。此外，微型照相机还与地球上的光学地面站相配合，进行激光通信试验。

红外光谱仪在 0.93 ~ 2.4 微米范围内划分 256 个谱段。利用这些数据，可精确地确定各种矿物的成分。例如，可将月壤中的辉石与橄榄石辨别出来，这对了解月球外壳物质的演变是很重要的。这种红外光谱仪是由欧空局第一次研制和使用的，如果在探月中获得成功，将在未来的火星探测、水星探测、小行星和彗星探测中进一步应用。

小型 X 射线光谱仪用来测量 X 射线荧光，从而绘制月球表面的元素成分图。利用这些数据，可准确地计算月球外壳的成分，研究南极的陨石坑结构特征，绘制月球资源分布图。这种小型 X 射线光谱仪也是今后水星和太阳系其他行星探测的必备仪器。

"智慧 1"号还是世界上第一个利用太阳能电火箭作为推进装置进行远距离飞行的航天器。

按照预定计划，"智慧 1"号的整个飞行过程分为发射与早期入轨、地球逃逸、月球俘获和月球观测 4 个阶段。除了发射采用化学火箭外，包括早期入轨在内的其他阶段的飞行都依靠太阳能电火箭提供推力来完成。这是它最为突出的特色和亮点。但是，由于电火箭产生的推力很小，加速很慢，故而进入最终飞行状态需要的时间要比采用化学火箭所用的时间长得多。

为"智慧 1"号提供飞行动力的太阳能电火箭发动机，严格说来是太阳能等离子体发动机。它使用氙气作为工作介质，并采用高效的砷化镓太阳能帆板将太阳光能转换成电能进而产生电磁场，利用电能电离氙气原子，形成等离子体，再通过电磁场的作用，使氙离子流高速喷出，从而为"智慧 1"号提供推力。这种太阳能电火箭比通常使用的化学火箭效率要高 10 倍，所需推进剂即工作介质较少，可使航天器有更多的空间装载有效载荷。由于它利用的是取之不尽的太阳能，故而能在太空无重力状态下连续运转几年时间。它的缺点是推力和加速度都很小，要使航天器达到预定的飞行速度，用时很长。它的重要意义在于，假若这次飞行试验成功，今后就会在更远距离航行的航天器上采用这种推进系统。

为了掌握太阳能等离子体发动机的实际技术性能，"智慧 1"号上装置了电推进诊断组件，用来监测推进系统的工作情况及其对航天器的作用效果。同时，它还携有航天器电势、电子与尘埃实验件，用以监测推进系统对电子通量、电场和航天器电势的影响，并研究地月空间的带电环境。此外，它还载有用来试验地球与遥远航天器之间的激光通信技术、实验航天器自主导航计算机技术等先进设备。

在"智慧1"号上所试验的太阳能等离子体发动机等新技术和它采用的多项探测技术，如被证明达到了预期的效果，将会对未来欧洲乃至世界航天技术的发展产生深远影响和重要作用。

欧洲"智慧1"号携带的主要科学仪器及其任务

仪器名称	目的	主要任务
电推进诊断组件	新技术实验	监测推进系统的工作及其对航天器的影响
航天器电势、电子与尘埃实验件	新技术实验	监测推进系统对电子通量、电场和航天器电势的影响，研究地月空间的带电环境
深空 X/Ka 波段测控试验件	新技术实验	试验地球与高速飞行的航天器之间的下一代无线电通信技术，由深空转发器在 X 波段接收指令，并在 X 和 Ka 波段发射遥测数据

不甘示弱的日本

1996 年，日本提出了建造永久月球基地的计划，预计投资 260 多亿美元，在 2030 年建成月球基地，包括居住舱、氧和能源生产厂以及月球天文台。

日本于 1970 年发射了第一颗人造卫星，此后的很长一段时间内，日本都处于国际航天业的前列。在"飞天"号科学卫星绕月成功后，日本航天界信心大增，1991 年又制定了别出心裁的月球探测计划，其中包括研制和发射"月球 A"号和"月女神"等探测器。1994 年，日本制定了一个更加雄伟的计划：投资 260 多亿美元，在 2024 年建成一个 6 人的月球基地，包括居住地、氧和能源生产厂以及月球天文台等。

"月球 A"号由日本空间和宇宙科学研究所研制，重 540 千克，计划在上面搭载两个各高 80 厘米、直径 16 厘米的"矛型"钻探装置，卫星到达月球表面以后，两个钻探装置将插入月球地表，装置上携带的地震测量仪、热流量计等科学仪器将探测到的数据向卫星传送，再传回地球。

"缪斯 A" 月球探测器

1990 年 1 月 24 日，日本宇航研究开发机构，用 M—3S2—5 型火箭成功发射了"缪斯 A"月球探测器（又名"飞天"号探测器），同时还搭载有"羽衣"环器，由于星箭分离时速度太低，探测器的远地点只有 290000 千米，后经多次变轨才达到远地点为 476000 千米的正常探测轨道。"飞天"探测器共绕月飞行了 10 圈，离月球最近的探测距离为 16472 千米，它于 1993 年 4 月 10 日在结束其使命后撞向月球。

日本"飞天"号探测器

子卫星"羽衣"重 12 千克，外形是一个 26 面体，上面装有一个 4 千克的固体发动机，用于环月探测，其太阳翼可以提供 10 瓦的电力，在"羽衣"的顶部安装有转发器和全向天线，用于数据传输和测控。原计划在 1990 年 3 月 18 日"飞天"探测器首次到达近月点时被释放，但由于转发器发生了故障，"羽衣"未能被释放，无法开展探测工作。

"月女神"

2007 年 9 月 14 日，日本用 H—2A 火箭成功发射了"月女神"环月探测器，并搭载有"中继星"和"甚长基线干涉测量星"两个子探测器。两个子探测器均分离成功。"月女神"重量为 3000 千克，设计寿命 1 年，环月高度为 100 千米，共载有 X 射线光谱仪、γ 射线光谱仪、多波段成像仪、光谱剖面仪、地形相机、月球雷达探测器、激光高度计月球磁强计、带电粒子光谱仪、等离子体分析仪等 15 种探测仪器。两个子探测器各重 50 千克，分别负责从探测器到地球的通信传输和精确测量月球的位置及运动情况。

"月女神"探月计划是自美国"阿波罗"计划以后规模最大，同时也是最复杂的探月计划。日本科学家希望通过随身所带的仪器了解月球表面成分和矿物组成、月球表面的结构、重力场、磁力场、高能粒子环境以及月球的等离子区等。通过上述研究活动，希望进一步揭开月球的起源及演进的秘密。

"月女神"探测器计划由日本宇宙开发事业团与日本空间和宇宙科学研究所共同实施。该计划的主要目标是解决探索太阳系所必需的关键问题，特别是软着陆和数据中继技术。日本称"月女神"是日本未来月球探索计划的第一步，将为 2024 年日本建立有人月球基地奠定基础。

目前，日本已在月球机器人上技高一筹，积累了丰富的技术经验。日本宇宙科学研究所和东京大学开发成功了一种月球探测鼹鼠机器人，它的外形是一个直径 10 厘米、长 20 厘米的圆筒，可以像鼹鼠一样钻入月球地下 11 米，采集矿物质加以分析，弄清月球地表的结构。它有排沙和掘进两种装置，排沙装置有两根旋转的滚柱，能把挖出的沙石碾轧结实，掘进装置则把活塞顶在碾轧后的沙石上，用活塞推动身体前进。研究人员下一步的任务是制作月球地面配合设备，设计中的地面设备直径为 20～30 厘米，内装有太阳能电池。月球地面设备除了向机器人供应电力之外，还负责接收机器人的探测数据，向地球发送信号。

印度：后生可畏

印度将在俄罗斯的帮助下，在 2011～2012 年间，实现"钱德拉扬 2"号探测器登月计划，在月球表面进行探测。

印度的航天事业从 1962 年起步，经过 40 多年的发展，如今在世界航天国家中占据重要的一席。在月球探测中，印度同样不甘落后。

2003 年年底，印度设计制造的一台使用液氢、液氧为燃料的低温火箭发动机在地面试验中成功燃烧了 1000 秒，超过了太空飞行所需的 721 秒的最低要求。这次试验的成功使得印度成为继美、俄、法、中、日之后世界上第 6 个有能力自行制造低温火箭发动机的国家。随着印度研制的低温发动机取得巨大进展，加上已有的卫星遥感技术走在世界前列，印度实施月球探测计划的技术已经成熟。

也是在这一年，印度启动了月球探测计划。该计划代号为"钱德拉扬"

（即"月球初航1"号），准备耗资 8500 万美元，在 2007 年发射一颗重 1050 千克的绕月卫星。

印度绕月卫星将由印度极轨卫星运载火箭发射，最终进入距离月球 100 千米的月球极地轨道运行，对月球表面进行两年的探测，主要任务是测绘地貌、分析化学成分和调查矿物分布。

印度科学家目前正在加紧研制 32 通道的频谱仪、低能和高能 X 射线频谱仪、太阳 X 射线频谱仪和激光测高计。另外，用来测量极地水冰的合成

印度极轨卫星运载火箭发射情景

孔径雷达将由美国约约翰霍普金斯大学的应用物理实验室研制。为了接收月球探测器的信号，印度正在建设 34 米直径的天线，印度卫星测控中心的专家认为，对于印度的探月任务来说，25 米直径的天线就足够了，但为了今后的深空探测任务，必须留有余地。

2004 年 11 月 22 日～26 日，第 6 届月球探测与应用国际会议在印度召开，印度不但以自己的月球计划吸引了全世界的眼球，也以辉煌的航天成就向世界证明了，印度正在成为具有全球影响力的航天大国。

美国与八国合作探月

2008 年 7 月 29 日，美国宇航局在华盛顿总部宣布，美国与印度、韩国、日本、加拿大、英国、法国、德国、意大利署一份合作协议，将共同开展探月活动。

中国人的探月梦

ZHONGGUO REN DE TANYUEMENG

在 20 世纪六七十年代，美国人和前苏联人分别开展探月方面的活动，其中美国宇航员多次登上了月球。而且在 21 世纪的新阶段又兴起了月球探测和绕月方面的热潮，技术上也有新的进展，我国为适应这种形势的需要，也为了发展国家高科技技术形势的需要，在经过长期准备、10 年论证，于 2004 年 1 月正式立项了探月计划——"嫦娥工程"。该工程目前主要集中在绕月探测、月球三维影像分析、月球有用元素和物质类型的全球含量与分布调查、月壤厚度探查以及地月空间环境探测。

"嫦娥奔月"是一个在中国流传古老的神话故事，这个神话故事也证明了中国人的探月梦已远远不止几十年，而这一梦想最终在 2007 年 10 月 24 日得以实现。

迈出深空探测第一步

我国是世界上最早对月球运行进行科学观测和记录的国家之一。公元前 14 世纪，中国殷朝甲骨文（河南安阳出土）中已有日食和月食的常规记录。明朝以前，我国对日月运行的观测、研究和认识达到了很高的水平，以对日月运行认识为基础编制的历法一直领先于世界，还发明了一系列精巧的天文观测仪器。明朝中叶以后，欧洲科技的发展突飞猛进，对月球的科学认知水平很快就超越了我们，从对月球的远距离观测逐步走向全面的科学探索。

在20世纪50年代末至70年代初，美国和前苏联两国在冷战期间凭借自己在航天领域的优势，展开月球探测的竞争，共向月球发射了100多枚探测器。1969年7月，"阿波罗11"号更是实现了人类的登月之梦。从"阿波罗11"号飞行中人类在月球上迈出第一步，到"阿波罗17"号飞行中人类迈离那里的最后一步，月球上共留下了12名美国宇航员的足迹。这一时期美、苏两国在月球探测中取得了辉煌的成就。

"阿波罗11"号成功登月

航天探测能力是一个国家综合国力和科技水平的体现。1959～1976年，随着月球探测卫星的出现，美、苏两个空间大国在月球探测领域展开了激烈的竞争。10余年中，两国开展了飞越月球、硬着陆、月球轨道飞行、软着陆、无人登月取样返回地球、载人登月取样返回地球等一系列月球探测活动，极大地带动了各自国家科学技术的迅猛发展。

随着冷战形势的缓和，在历经18年月球探测活动的冷静思考后，20世纪90年代，世界各航天大国重返月球的热潮迅速兴起。我国作为一个世界大国，不能长期脱离这种现实与趋势。自1970年4月24日成功发射第一颗人造地球卫星以来，我国的运载火箭、应用卫星和试验飞船技术有了飞速发展，特别是载人航天取得了历史性的成功与突破后，开展月球探测，填补我国在深空探测领域的空白，对推动我国科学技术整体水平的提升，提升综合国力、增强民族凝聚力、培育国民开拓创新精神等都有重要意义。

2007年10月24日，"嫦娥1"号成功升空，开始了中国人对月球的第一次探测。这是我国继实现应用卫星和载人航天飞行之后，在空间科学和航天技术进步方面新的里程碑。

月球探测的开展，将是我国迈出深空探测的第一步。

深空探测

深空探测是在卫星应用和载人航天取得重大成就的基础上，向更广阔的太阳系空间进行的探索。主要有两方面的内容：一是对太阳系的各个行星进行深入探测，二是天文观测。

随着21世纪的到来，深空探测技术作为人类保护地球、进入宇宙、寻找新的生活家园的唯一手段，引起了世界各国的极大关注。通过深空探测，能帮助人类研究太阳系及宇宙的起源、演变和现状，进一步认识地球环境的形成和演变，认识空间现象和地球自然系统之间的关系。从现实和长远来看，对深空的探测和开发具有十分重要的科学和经济意义。深空探测将是21世纪人类进行空间资源开发与利用、空间科学与技术创新的重要途径。

探测月球给我们带来的意义

探测月球对我们有什么意义？这是许多中国的普通老百姓所追问的问题。中国科学界也不乏争论的声音。月球探索真的对我们毫无意义吗？事实并非如此，它所带来的七大利益可以预见。

维护我国月球权益的需要

尽管1984年联合国通过的《指导各国在月球和其他天体上活动的协定》（简称《月球条约》）规定，月球及其自然资源是人类共同财产，任何国家、团体和个人不得据为己有。但是，当前世界主要航天大国和国际组织正加紧实施月球探测计划。作为联合国外空委员会的成员国，我国只有通过开展月球探测，并取得一定成果，才具有履行《月球条约》和分享开发月球权益的实力，维护我国的合法权益。

月球是人类研究宇宙和地球本身的最佳平台

科学界认为，通过对月面上没有人为改造和破坏的这些优越条件研究月球，了解月球的成因、演变和构造等方面信息的研究，有助于了解地球的远古状态、太阳系乃至整个宇宙的起源和演变；有助于搞清空间现象和地球自然现象之间的关系，可以极大地丰富人们对地球、太阳系以至整个宇宙起源和演变及其特性的认识，从中寻求有关地球上生命起源和进化的线索。

促进科技的进步和发展的重要载体

开发月球是空前艰巨的事业，需要解决一系列难题，这必然会带动诸如大推力火箭、巨型航天器、高速飞行、人工智能、计算机、机器人、加工自动化、精密仪器、遥感作业、通信、材料、建筑、能源等工程技术以及空间生物、空间物理、空间天文等科学技术的突飞猛进。

为开发利用月球资源做准备

据以往的探测，月岩中含有地壳中的全部物质元素，约有 60 种矿藏。在月球岩土中，含丰富的氧、铁、镁、钙、硅、钛、钠、钾、锰等物质。此外，月球上有丰富的能源，尤其是月球上的氦－3是地球上所没有的核聚变反应的高效燃料。据估计，在月壤中氦－3的资源总量可以达到 100 万～500 万吨，能够支持地球 7000 年的需电量。

月球岩石

促进深空探测

月球表面的引力只有地球表面的 1/6，航天器如果从月球上起飞，可大大节省能源。月岩土壤中氧占 40%，可以就地生产推进剂和作为受控生态环境和生命保障系统的氧气来源；硅占 20%，可以为航天器制作太阳电池阵，其他金属可以为航天器制作各种部件设备，也可将月球做中转站，为过往的航天器进行检修和补充燃料。

进行天文观测和研究的平台

月球表面的地质构造极其稳定，月球直接承受太阳的辐射，没有大气层对光线和电波的吸收、散射和折射等干扰，没有尘埃污染，没有磁场，月球的背面没有人造光源和射电的干扰，地震很微小。同时，月球有漫长的黑夜，黑夜温度极低。这种环境为建造高精度天文观测台提供了理想的场所。

推动经济发展

开发月球，可以产生难以估量的经济效益，而且其他技术的二次开发应用，势必促进工业的发展与提升。

中国绕月探测工程总指挥栾恩杰对此做了精辟科学的说明，他对月球的探索、开发、利用分成了 3 个步骤进行解释。简单可用三个字概括，即"探、登、驻"。"探"就是探月，对未知的月球先要有所了解，探索掌握必备的信息；"登"就是登月，人类能够登陆到月球上去，近距离地接触月球资源并安全返回；"驻"就是驻月，指设备或人类能够短期或中长期驻扎在月球，实现对月球资源的开发或居住的梦想。其中，"探月"又可分为 3 个时期，即"绕"、"落"、"回"。一期"绕"就是发射一颗围绕月球转的卫星，在离月球表面 200 千米高度的月球极地轨道开展科学探测；二期"落"就是选准地方落到月球表面，利用月球巡视车进行探索工作；三期"回"就是采集一些样品返回地球。

月球是研究天文学、空间科学、地球科学、遥感科学、生命科学与材料科学的理想场所。

我们有理由相信，"嫦娥1"号卫星的探月成功，只是中国迈入深空探测的第一步。随着月球探测的开展，将有助于人类对月球、地球和太阳系起源及演化的研究，特别是对于月球科学中的一些基本问题，如月球的形成过程、月球的早期演化史、月球矿产的形成与分布特征、地—月系统的形成与演化、月球与地球及类地行星的比较研究以及它们各自的共性与特性等，只有通过新一轮的探测，才能获得较系统和深入的认识。

"嫦娥1"号成功升空

艰难的 4 个台阶

2003 年，中国继美国和前苏联之后，成为第三个用自己的火箭将人类送入太空的国家。

既然"神5"、"神6"都走了一趟回来了，"再加把劲儿不就到月球了吗?"很多人都这么想。

登月之前，我们还有"艰难的台阶"要去登，概括起来主要有 4 个台阶。

第一个艰难台阶——火箭运载能力

目前，我们的火箭送几吨重的东西到太空没问题，"长征"系列火箭现在最大载重 20 吨（美国宇航局制造中的"阿瑞斯 1"号火箭预计运载力 125吨）。能到达的距地球最远距离为 7 万千米，而月球距地球 38 万千米，让登月飞船要往返将近 80 千米的行程上，必须有更多燃料、更大推动力，光抵达月球轨道就要需要好几级火箭，以"长征 3"号甲目前的能力，恐怕是还不能完成这样的任务。正在研制的"长征 5"号的目标是 70 吨的运载能力，届时将能解决奔月的问题。

当飞过云的问题解决后，进入月球引力区时，要解决能及时踩"刹车"问题，"刹"晚了就会撞到月球上，而"刹"早了就会失控飘向太空。飞过去了，也刹住了。但选择正确的轨道也是难题之一，既不能碰着月球，也不能飞过去。

第二个台阶——观测和监控

飞往月球的探测器中途将有短时长信号与地球中断（即时入盲区），这时的飞行器会处于极度危险中。还有地球 24 小时自转 1 圈，月球 27 天绕地球公转 1 周。这时会发生中国国土所在的那部分地球转到背向月球的时候，怎么办？那时候不仅无法观测到探测器，连发送指令也不可能。这些问题是我们测控需要面对的问题。美国在解决测控时比我国容易，其在全球建了 3 座测控站：本土加州、澳大利亚堪培拉和西班牙马德里，每隔 120 度建 1 座，无论怎么转，总有一个站能观测到，除了这 3 个，它还有数座直径分别为 70米、36 米和 26 米的接收天线，别说月球，连太阳系都能探测了。我国能用的测控站仅有 2 个：上海佘山一个、乌鲁木齐一个，接收天线直径都只有 25米。要想解决 38.4 万千米的无线电波传送，目前还有困难。

合格的宇航服是探月必备装备

第三个台阶——服装

这也是最难的一个：探测卫星也好，航天员也好，都要穿上特殊"衣服"才可能探月、登月。这衣服得热的时候不热，冷的时候不冷。这衣服可不像咱们普通人穿着那么简单，卫星绕着月球转，月球绕着地球转，地球又带着月球和月球旁的卫星绕着太阳转，这么复杂的邻里关系造成的一个结果就是冷热变化巨大（相差600摄氏度），搞不好，不但卫星上所有设备会得"感冒"，宇航员也会面临巨大生命危险！现在杨利伟、费俊龙、聂海胜等航天员所穿的宇航服根本就满足不了月面上的要求。这个问题若不解决，中国的登月宇航员根本就不能在月球上生存。

第四个台阶——安全返回

让登月宇航员绝对安全返回更是不小的挑战。任何一个小小的失误都将导致致命的灾难。1969年7月16日，"阿波罗11"号载着3名美国宇航员第一次成功登月。但这个举世闻名的登月行动差一点毁于灾难：当宇航员结束2小时的月球的行走之后，竟然发现登月舱引擎开关没有合上。原来，在狭小的登月舱里，宇航服刮断了启动引擎的极为关键的一个电路开关。如果开关合不上，他们将永远留在月球上。当时尼克松总统准备了一份演讲稿："命运注定这些和平探索月球的人，永远安息在月球上。"这一"备用悼文"差点成为现实，万幸的是，宇航员用圆珠笔接通电源，成功化解危机，最终逃过劫难。

登月发射基地也是问题

中国将来的载人登月发射基地也是问题。卫星发射基地最理想的场所是海上或者海边，在运输和安全方面都有优势，现在西方的几个大国卫星发射基地大多数都临海，俄罗斯是没有办法才放在西伯利亚荒无人烟的地方。中国现在的3个发射场，都是特殊年代适应冷战需要和安全保密的产物。将来火箭大了，现有的三个发射场（包括西昌在内）都不能满足运输和发射安全方面的需要。中国已计划在海南岛建一个新的发射场，可用于载人登月的发射基地。但是，这个设想要变成现实还需要很长的时间。

人类登月事件表

时间（年）	事件
1962	前苏联"火星1"号探测器飞越火星的尝试失败
1965	美国"水手4"号行星际探测器飞越火星，拍摄了21张照片
1965	前苏联发射"探测器2"号探测情况没有公布
1969	美国"水手4"号探测器发回75张照片
1969	美国"水手7"号探测器发回126张照片
1971	前苏联"火星2"号探测器在火星着陆，探测情况没有公布
1971	前苏联"火星3"号探测器在火星着陆并发回照片
1972	美国"水手9"号探测器沿着火星轨道飞行，发回7329张照片
1974	前苏联"火星5"号探测器沿着火星轨道飞行了数天
1974	前苏联"火星6"号和"火星7"号探测器在火星着陆，探测结果没有公布
1976	美国"海盗1"号和"海盗2"号探测器在火星着陆。发回了5万多张照片和大量的数据
1989	前苏联"福波斯1"号和"福波斯2"号探测器在前往火星的途中失踪
1993	美国"火星观察者"在预定即将到达火星轨道之前失踪
1996	俄罗斯"火星—96"航天器发射失败
1996	火星环球勘探者发射升空，1997年进入环绕火星的轨道
1998	美国发射火星气候探测器。1999年9月23日，探测器与地面失去联系
1999	美国发射火星极地着陆者探测器
2003	欧洲宇航局发射"火星快车"探测器

中国三大卫星发射中心

酒泉卫星发射中心

中国酒泉卫星发射中心，隶属于中国人民解放军总装备部，主要承担运载火箭、卫星、飞船等各种航天器的发射试验任务，是中国建设最早、规模最大的综合发射场，被誉为"中国航天第一港"。

太原卫星发射中心

太原卫星发射中心始建于 1967 年。坐落于山西省的西北部，距离太原市 284 千米。太原航天发射场可以发射多种卫星，已成功发射了所有中国产的太阳同步轨道气象卫星和 12 颗美国的铱星。

西昌卫星发射中心

西昌卫星发射中心始建于 1970 年，隶属于中国人民解放军总装备部，是中国目前对外开放中规模最大、设备技术最先进、承揽外星发射任务最多、具备发射多型号卫星能力的新型航天器发射场。

接受挑战的中国人

关于中国载人登月的未来，有人曾做出了如下生动的描述："20 年后，我们大家坐着'快船'型宇宙飞船来到了月球基地……由于月球上的引力比地球上的引力小很多，我们在种植园里见到了西瓜般大小的西红柿，微型轿车般大小的西瓜，棒球棍长短的黄瓜，一粒粒如足球大小的葡萄……"

中国将如何实现载人登月呢？根据中国科学家的计划设计，采用的方式是先用运载火箭将飞船送上地球轨道，随后，飞船自行移动至月球轨道，释放出登陆舱，降落在月球表面，宇航员登陆月球。活动完成后，宇航员返回登陆舱，飞离月球，与在月球轨道上等待的飞船重新对接，至此登月过程结束。

中国过去发射过各种地球轨道卫星，其中飞行最远的是"双星探测"卫星，飞行距离地球 8 万千米，而月球距离地球约 38 万千米，是地球同步轨道卫星距离地球的 10 倍，是"双星探测"卫星距离地球的 5 倍。发射月球探测卫星不仅要跨过这样远的距离，而且月球探测卫星飞往月球所面临的环境，也和地球卫星有着明显的不同，是更加复杂和严酷。从地球到月球之间和在环月球轨道上的环境十分恶劣，对航天器的影响极大。卫星在这样的环境里运行，充满着未知数。对实施探月工程中国航天是一个巨大的挑战。中国的科研人员能否突破关键技术和难题，确保"嫦娥1"号卫星研制质量和可靠性，事关"嫦娥工程"的成败。

2004年"嫦娥"绕月探测工程正式立项，随即便开始了试制和工程研制，到2007年4月发射，在短短3年多的时间里，整个工程队伍坚持自主创新，刻苦攻关，先后突破了绕月探测工程各项技术难关，取得了全面的胜利。

无畏的攻关战

突破轨道设计与飞行程序控制关

"嫦娥1"号探月卫星飞行轨道与地球卫星飞行轨道不同，地球卫星飞行轨道只有椭圆轨道或圆轨道2种，而"嫦娥1"号月球探测卫星在飞向月球的过程中要经过调相轨道段、地月转移轨道段、月球捕获轨道，最终到达环月轨道，即要飞经4个不同轨道段。由于地球、月球和卫星都在运动，在地、月、卫星三体运动条件下及月球引力场的异常复杂性，使得"嫦娥1"号卫星的轨道设计，较以往的地球卫星轨道设计更为复杂。为了保证"嫦娥1"号顺利到达月球，在调相轨道阶段，要进行4次轨道调整，使"嫦娥1"号在预定的时间到达地月转移轨道的入口。在地月转移轨道飞行过程中，计划要进行1~2次轨道修正，消除误差，确保"嫦娥1"号能够准确到达月球附近，到达月球近旁后，还要经历3次轨道调整，使"嫦娥1"号从最初的双曲线轨道变为椭圆轨道，然后进一步缩小椭圆轨道的扁率，最终使"嫦娥1"号在一条高度为200千米、倾角为90°的圆形轨道上绕月飞行，并开展探测活动。在环绕月球运行过程中，还要考虑月球对"嫦娥1"号的遮挡，运行期间的光照条件及月食对"嫦娥1"号日常工作的影响等，此外，在轨道设计时还要考虑运载火箭、发射场、地面测控系统等方面的要求。

综合上述各约束条件，经过大量计算分析，并对其中的一些不利的结果加以甄别和排除，最终突破了轨道设计与飞行程序控制技术，使轨道设计达到了最优化，使"嫦娥1"号奔月飞行所需能量最少。

攻克三体定向关

地球卫星在轨道运行时只需同时完成对地和对日的二体定向，即卫星上的太阳翼对准太阳，保证获得足够的光照并产生足够的电能，而星上的通信或遥感装置对准地球表面，以便执行任务。"嫦娥1"号在环绕月球飞行过程中，要始终保持对日、地和月三体定向，即月球探测卫星太阳帆板对日，以保证获得足够的光照并产生足够的电能；"嫦娥1"号的探测目标是月球，因此卫星必须保证科

"嫦娥1"号进入绕月轨道

学探测仪器对准月球表面；为了将获取的科学数据送回地球，"嫦娥1"号在环绕月球飞行的过程中还应将定向天线对准地球，在限定的时间内将"嫦娥1"号自身工作状态信息和科学载荷的输出结果发回地球。上述条件只要有一个对不上就很难工作。由于地球、太阳和月球的空间关系随时都在发生变化，而且比较复杂，给三体定向带来很多困难。

卫星上的太阳能帆板必须对着太阳

为使"嫦娥1"号上的科学探测仪器始终对准月球表面进行连续探测，首先要解决观察月球的"眼睛"，即采用什么样的敏感器。地球卫星对地球的定向，采用技术成熟的红外地球敏感器，但这种敏感器并不能应用月球探测上，因为月球没有大气层，也就没有稳定的红外辐射带，因此红外敏感器虽然技术成熟，但在月球探测

上派不上用场。月球有稳定的紫外辐射，我国经过攻关自主研发了紫外月球敏感器作为"眼睛"观察月球，同时采取三轴稳定的姿态控制方式，保证了星体上安装的科学探测仪器的一面，始终朝向月球。为保证太阳能帆板对日，采用了一种特制的驱动机构，它能带动太阳帆板实现360度的转动，利用太阳帆板上的敏感器来捕获太阳的方位，然后不断控制驱动机构一直保持太阳能帆板获得最佳的太阳光入射角，从而为"嫦娥1"号提供充足的能源。为了使"嫦娥1"号的定向天线一直对准地球，我国研制的定向天线双轴驱动机构，它可在半球空间内实现高精度指向定位要求，从而使定向天线始终对准地球。同时还采取提高卫星控制、制导与导航分系统可靠性等手段，确保了三体定向及精度要求。

突破空间环境关

"嫦娥1"号卫星在奔月飞行中，面临着严酷的空间辐射和冷热环境的考验。

空间辐射环境主要有4个因素：①地球辐射带中俘获的电子和质子。②银河宇宙射线，即指来自太阳系以外的银河系的高能粒子。③太阳宇宙线，是指太阳表面的活动区喷射出来的高能粒子流。太阳宇宙线发生是随机的，一般持续几天时间，在太阳活动峰年出现频繁会更高。④太阳风的低能带电粒子。这样的空间辐射环境会对"嫦娥1"号飞行和工作造成不利影响，尤其是月球又无磁场屏蔽作用，银河宇宙射线、太阳耀斑爆发产生的太阳宇宙射线，会直接作用到环月飞行的卫星上，银河宇宙射线和太阳宇宙射线都可能会引发高能单粒子的破坏事件，使星内电子设备发生故障。我国科研人员经过在防护方面的攻关取得成果，保证了"嫦娥1"号能够在复杂的空间辐射环境下正常工作。

月球环境温差特别大，白天太阳光直射的地方，最高温度可达130摄氏度左右，而背向太阳的一面则为–150摄氏度以下左右，卫星127分钟绕月球飞行一圈，一半时间有阳光照射，一半时间笼罩在黑暗中，并不断地重复，而所有探测仪器必须保持在±40摄氏度范围内工作，否则会有损坏的危险。因此，"嫦娥1"号对温度控制要求特别高，这个难题通过采用新材料和新技术得到了很好的解决。

突破深空测控通信关

深空测控，一般来讲是指地面通过无线电手段对飞往月球以远的卫星进行跟踪、遥测和遥控的简称。

我国现有的航天测控网只适应 36000 千米以下的各类地球卫星和载人航天任务，而地球与月球间平均距离达 38 万千米，这对我国的探月测控系统提出了挑战：①通信距离远，信号衰减大，比同样发射功率的地球同步轨道卫星信号减弱了 127 倍；②通信单程时延大大增加，无法实时通信，因为电磁波的传输速度为 30 万千米/秒，从地球至月球单程需要 1.3 秒，相当于我们说完话 1.3 秒后，对方才能听见，这种时延造成了在探月过程中，很难做到实时响应；③无法对绕月探测器进行连续观测，这是因为在我国国土上最多只能连续观测 10 小时，不能实现全天时的观测；④提高测量精度有极大难度，对航天器的轨道测量包括测角、测距和测速，最终确定航天器的准确位置，但依靠一个测控站来测量轨道时，很难提高测角的精度，而且随目标距离增大，引起的位置误差也增大等。

当时测控系统成了制约整个探月工程的瓶颈。我国航天科学家经过充分论证，提出了在采用我国航天测控网的基础上，利用上海天文台佘山站、国家天文台北京密云站和云南昆明天文台射电望远镜的观测能力，让天文台甚长基线干涉天文测量网系统进行辅助测量，以提高测量精度的方案。与此同时我国一线的航天科研人员通过技术攻关和加强国际合作等措施，在很短的时间就解决了所有技术难题，从而满足了"嫦娥1"号月球探测器的深空测控要求。

上海天文台佘山站

应对月食

"嫦娥1"号环绕月球飞行的1年时间里，要遇到2次月食。一次全月食，时间约5小时；另一次半月食，时间约3.5小时。月食期间地球挡住太阳光，如果没有阳光，太阳电池帆板不能供电，然而卫星里为了保证足够的温度需要继续供电，为此科研人员对"嫦娥1"号在遇到月食时如何保证卫星仪器正常工作，进行了深入研究，想了很多对策。

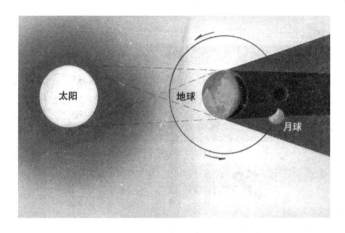

月食示意图

月食是月球进入地球影子时发生的现象，地球的影子有本影、半影之分。当月球的一部分进入本影时，发生月偏食，当月球全部进入本影时，就是月全食。

在半影区域内，太阳辐射强度变渐变弱，当太阳辐射强度还比较大时，太阳能电池仍能部分供电。这时星上各系统仪器、设备采取设置为最小功耗模式；当卫星进入本影区时。也就是在月全食阶段，太阳能电池停止供电，这时卫星转为由蓄电池组单独供电；在月食阶段，为消除月食阴影和正常轨道阴影的叠加效应，缩短月食阴影时间，"嫦娥1"号在进入月食前需进行调整其在轨道上的相位，使其不产生阴影的叠加；月食期间环境温度会骤然下降，当"嫦娥1"号离开月食本影后，及时调高热控制分系统的补偿加热功率，以保证卫星各部位尽快回温。经过采取上述一系列措施，保证了"嫦娥1"号安全地渡过了月食的影响。

"嫦娥"升空

凉山州首府西昌位于四川省西南部，自古人们在西昌就能经常观赏到分外明亮皎洁的月亮，故西昌又称"月城"，而今它又亲送"嫦娥1"号奔向遥远的月球。

驰名中外的西昌卫星发射中心

西昌卫星发射中心，它组建于 1970 年，是中国三大卫星发射中心之一。主要用于发射地球同步轨道卫星，是我国对外开放最早、承担外星发射最多、综合发射能力较强的卫星发射中心，也是我国实施探月工程的首选航天发射场。经过 30 多年不断发展建设，建成了自成体系、配套完善的测试发射、测量控制、通信、气象和勤务保障等 5 大系统。目前，该中心能发射中国自行研制的"长征 3"号甲、"长征 3"号乙等 5 种大型运载火箭。是探月工程一期、二期的发射场。西昌卫星发射中心具有独特的地理优势，坐落在东经 102 度、北纬 28 度，所处纬度低，可以充分利用地球自转的附加速度，节省运载工具的能量消耗。

我国西昌卫星发射中心

发射中心由 6 个分系统组成，它们分别是测试发射、指挥、测量控制、通信、气象和技术勤务分系统。发射部分由发射塔架、发射台、发射控制室、电源间、瞄准间、污水处理系统等组成。为发射"嫦娥1"号新建的 3 号发射工位，设备与功能先进，发射塔架雄伟壮观，共 13 层，高 85.5 米。

发射前的准备

卫星发射是一项复杂的系统工程，需要各系统密切配合、协同工作。从火箭、卫星运抵发射场到发射升空，一般需要40天左右的时间。经过一系列复杂流程，对星箭进行测试直至发射。考虑到探月工程是我国首次将航天器送入38万千米的外太空，为确保成功，"嫦娥1"号卫星的发射准备时间相对更长一些。

2007年8月19日，"嫦娥1"号卫星运抵发射场区，拉开了奔月的序幕。

发射场区由技术区和发射区两部分组成。技术区包括火箭测试大厅、卫星测试大厅。火箭测试大厅和卫星测试大厅装有大功率空气调节器和净化器，可根据测试的需要随意调节温度和湿度。良好的测试环境和先进的技术设备可以同时对2颗不同型号的火箭、卫星进行装配和测试。

"嫦娥1"号卫星运到中心后，先在技术区进行严格的测试，确保星上设备与地面设备匹配，同时解决测试中出现的问题。经测试合格后，对卫星实施推进剂加注，以满足卫星上天后的轨道、姿态控制和卫星正常运行的动力需要。

"长征3"号运载火箭

"长征3"号甲火箭经铁路运抵西昌卫星发射中心后，为确保火箭上单元仪器的可靠性，首先在技术区进行单元测试，经测试合格后转往发射区进行起竖、吊装、对接，并经过分系统匹配测试、四次总检查，以检验箭上设备与地面设备的匹配性，保障火箭无故障升空。

"长征3"号甲火箭和"嫦娥1"号卫星转往发射区后，科研人员在星箭对接的区域形成大封闭环境，达到卫星对温度、湿度和空气洁净度的要求后，进行星箭对接。

"长征3"号甲火箭与卫星在发射区测试合格后，视天气情况，再根据卫星的入轨窗口，决定是否加注燃料，待命发射。

金牌火箭"长征3"号甲

"长征3"号甲（简称"长3甲"）是一种技术先进而成熟的运载火箭，素有"金牌火箭"的美誉，自1994年2月8日首次发射以来，已经进行了14次发射，成功地将14颗卫星送入所要求的地球同步转移轨道，100%取得成功。

"长征3号甲"火箭从一开始研制就制定了较高的技术指标。为了实现这个指标，科研工作者提出100余项新技术项目，其中重点新技术项目总数为41项；重大技术关键目有4项，即大推力氢氧发动机、陀螺四轴平台技术、玲氦加温增压系统、低温氢气

金牌火箭"长征3"号甲

能源双向摇摆伺服机构。这些新技术不但代表着当时国内的最高水平，许多项目还赶上或超过了世界航天大国的技术水平。这次为发射"嫦娥1"号卫星，"长3甲"运载火箭进行了多项适应性改进，特别是在可靠性工程上下了大功夫，多项关键环节采取了冗余设计等。

"长3甲"共有3级，火箭全长52.52米。最大直径3.35米，起飞推力2961千牛，第三级采用新型液氧液氢火箭发动机。"嫦娥1"号卫星安装在火箭的最上面，外面有整流罩保护，用支架与火箭捆绑在一起。

发射窗口仅35分钟

发射窗口是指航天器允许火箭发射的时间范围，它是根据航天器本身的要求及外部多种限制条件经综合分析计算后确定的，其范围的大小叫做发射窗口的宽度。

根据地月的运动规律，"嫦娥1"号卫星每月只有1到2次的发射机会。考虑到轨道光照条件对探测器电源系统的影响，将进一步限制上述发射机会的时间。对应于每次发射机会的发射轨道，"嫦娥1"号初始环月姿态、轨道光照条件以及测控条件均不同。经过对2007年所有的发射机会进行分析之后，最终选择2007年10月作为首选发射时机。

对于所选的月球探测卫星进入地月转移轨道的日期，对应的进入轨道的时刻是唯一的。如果推迟进入轨道的时刻，带来的问题是额外增加中途修正的速度增量，这将使发动机消耗更多的能量。因此发射时刻可延迟多少，即发射窗口的大小，取决于中途修正速度增量的允许范围。

根据轨道设计的分析结果，"嫦娥1"号卫星一年中的每个月有连续3天的发射窗口，但这3天中也不是任何时候都能发射，每天仅仅在特定的35分钟内能够发射。

为加大卫星入轨成功率，西昌卫星发射中心科研人员自加砝码，主动提出了"零窗口"的发射目标，即在预先计算好发射时间，分秒不差地将火箭点火升空。

准时起飞，准确入轨

发射前最后一项重要工作是给火箭加注燃料，首先加注的是一、二级火箭的常规推进剂，然后在发射前7小时加注三级火箭液氢、液氧低温推进剂，在所有临射前检查结束后，火箭、卫星、地面设备都工作正常，才进入发射前的倒计时。

"10，9，8，7，……""点火"，指挥员下达了"点火"口令。

2007年10月24日18时05分，"长3甲"运载火箭准时点火起飞，大地轰鸣，烈焰四起，我国探月工程的首颗卫星"嫦娥1"号从发射中心3号发射塔架拔地而起，印在火箭身躯上的"中国航天"四个大字和整流罩上的五星红旗以及中国探月标志格外醒目。火箭一级使火箭克服地球引力和空气阻力的巨大影响，冲出稠密大气层，向东偏南方向飞行。当火箭飞行约148秒，便上升到离地球约60千米的高度，此时一级火箭关机并脱落，接着火箭二级点火开始工作，火箭继续爬高，并进一步提高火箭的飞行速度，飞行95.3秒后，飞行高度超过 120 千米。此时，火箭已完全冲出大气层，控制系统发出卫星整流罩分离的命令，用来保护"嫦娥1"号探月卫星免受气流冲刷的卫星整流罩被抛掉，二级火箭关机并与三级火箭分离，三级火箭点火工作，最终将卫星送入一条近地点 205 千米、远地点 50930 千米的大椭圆轨道，称初始轨道。从火箭点火起飞到卫星与运载火箭分离，历时 24 分钟，至此"长 3 甲"运载火箭完成了运送卫星的任务，以后"嫦娥1"号卫星将依靠自身携带的发动机进行奔月征程。

"长 3 甲"火箭点火发射

 知识点

"长征 3"号甲运载火箭六大系统

1. 箭体结构，是火箭的主体。

2. 控制系统，是火箭的大脑。由计算机、平台、分离机构等组成，由设计师事先设计好发射程序。

3. 动力系统，由发动机、燃料箱等组成，是火箭的动力源。

4. 遥测系统，是将工作参数和监测数据由无线电传回地面的系统。

5. 外侧安全系统，是火箭出现故障，地面无法操纵火箭的时候，进行空中自毁的系统。

6. 低温推进剂利用系统，是合理调控燃料混合比，有效利用燃料的系统。

崎岖奔月路

"嫦娥 1"号不是笔直地飞向月球,而是经过 4 种不同的轨道飞行以之后飞近月球的。这 4 种不同的轨道是:调相轨道、地月转移轨道、月球捕获轨道和环月工作轨道。

调相轨道

在环绕地球飞行的调相轨道阶段,"嫦娥 1"号卫星通过 4 次变轨(一次远地点变轨,3 次近地点变轨)使其达到进入地月转移轨道前的各项飞行参数要求。

2007 年 10 月 24 日,"长 3 甲"运载火箭将"嫦娥 1"号送入初始轨道后星箭分离,10 月 25 日 17 时"嫦娥 1"号利用自身的推进系统首先进行一次远地点变轨,将环绕地球的大椭圆轨道的近地点从 205 千米提高到约 600 千米。远地点仍为 509300 千米,轨道周期为 16 小时,然后按程序完成了太阳帆板展开和定向天线展开。10 月 26 日 17 时"嫦娥 1"号卫星实施第二次变轨。这是卫星的第一次近地点变轨,"嫦娥 1"号卫星第二次变轨后,进入了 24 小时周期轨道。远地点高度由 5 万多千米提高到 7 万多千米。

10 月 29 日和 31 日分别进行了第二次和第三次近地点变轨。第二次近地点变轨,卫星远地点高度由 7 万余千米提高到 12 万余千米,进入绕地飞行 48 小时周期轨道,第三次近地点变轨,卫星远地点高度由 12 万余千米提高到 37 万余千米。第三次近地点变轨后,"嫦娥 1"号便进入地月转移轨道,正式踏上奔月征程。

地月转移轨道

地月转移轨道又称奔月轨道。经过调相轨道阶段的 4 次变轨后,"嫦娥 1"号即进入飞向月球的 114 小时的地月转移轨道。

"嫦娥 1"号进入地月转移轨道入口的时机以及运动状态,特别是位置和速度,包括速度的大小和方向非常重要,如果时机不对,无法和月球相会:

如果速度过大，将无法进入月球引力作用的范围；如果速度过小，将无法摆脱地球引力场的束缚到达月球。因此，经过调相轨道运动之后，"嫦娥1"号必须达到事先经过仔细设计和审核的位置，并具备所要求的速度大小和方向，才能沿着地月转移轨道到达月球。为保证"嫦娥1"号按预定的轨道飞行，在飞行过程中，设计规定还要进行2~3次轨道修正。但由于运行轨道精度高，在"嫦娥1"号的实际飞行过程中一次修正也没用上。

月球捕获轨道

"嫦娥1"号进入半径为6万千米以内的月球引力影响区时，起主导作用的是月球引力，而不是地球引力。这时，飞行轨迹完全变化，由围绕地球的椭圆轨迹，变成围绕月球的双曲线轨道运动。11月5日，地面控制中心对"嫦娥1"号进行了3次近月点制动减速，最终"嫦娥1"号顺利完成了被月球捕获。

环月工作轨道

"嫦娥1"号进入环月工作轨道后，从科学探测需要考虑，要尽可能地对全月面进行探测，特别是对月球南北两极的探测，因此，环月工作轨道选择极月轨道，即轨道相对月球赤道的倾角为90度。"嫦娥1"号的环月工作轨道面垂直于月球的赤道面，环月工作轨道高度约为200千米，运行周期约为127分钟，在这个轨道上，卫星对月球进行科学探测。

深空测控为"嫦娥1"号保驾护航

测控与航天器的关系，可以用"放风筝"来比喻。这里"风筝"是指航天器，"风筝线"则指无线电测控和通信系统。航天器发射后，测控通信系统便成了与航天器联络的唯一手段，也是保障航天器正常飞行的重要手段。

我国"嫦娥工程"一期绕月探测工程的测控通信系统，是立足现有的航天测控网，通过适当的技术改造。便已能满足"嫦娥1"号月球探测器各飞行阶段的遥测、遥控、轨道测量和导航任务的需要。这个航天测控网由南宁站、厦门站、闽西站、长春站、喀什站、渭南站、青岛站、东风站、纳米比亚站、卡拉奇站，以及"远望1～4"号四艘测量船组成，形成了我国的一个高精度测量带。在承担航天测量任务时，可根据航天器不同飞行阶段的要求，分别选择不同的站来完成测控任务。

"嫦娥1"号的测控分几段进行，发射段的测控与西昌发射地球同步轨道卫星相似，测控方案成熟，发射入轨后，使用现有的航天测控网和甚长基线干涉天文测量网实现调相轨道、地月转移轨道、绕月轨道的测控通信。"嫦娥1"号探测器的全向天线具备在任何条件下与地面测控系统通信联系的能力，保证地面始终对探测器进行有效的测控。

为完成地月转移轨道段和绕月轨道段探测器测控的任务，采用航天测控网3台12米天线作为骨干设备，绕月轨道运行阶段的长期测控管理工作，由西安卫星测控中心承担，用甚长基线干涉天文测量网系统进行配合。至此，深空测控系统全面保证了"嫦娥1"号从起飞、奔月到绕月，在4种不同轨道上正常、稳定地飞行。

卫星变轨

卫星在轨期间自主改变运行轨道的过程称为变轨。卫星轨道是椭圆，节省发射火箭燃料的方法，可以先发射到大椭圆轨道，卫星处于远地点的时候，卫星上面的姿态调整火箭点火，这样卫星的轨道变成需要的高度。变轨可以多次，这就需要精确计算卫星变轨的时间，由地面指令控制。

"嫦娥"探月

科学探测仪器

"嫦娥1"号携带了8种24件科学探测仪器，有效载荷重130千克。它们是CCD立体相机、激光高度计、干涉成像光谱仪、γ射线谱仪、X射线谱仪、微波探测仪、太阳高能粒子探测器和太阳风离子探测器。

上述有效载荷不但能够保证绕月球探测工程科学目标的实现，而且能够部分地用于后续的月球探测计划，并为以后的火星等其他天体的探测打下良好的基础。

4 大科学探测目标

在环月飞行期间，对月球进行为期 1 年的环月探测，完成 4 大科学探测目标。

绘制月球立体地图

月球的地图以前国外已经做过很多，但有很多缺陷。例如，月球上南北纬 70°以上高纬度的地方，由于太阳光是斜照的，照相机拍的效果差一些，所以做得不是太好；还有，南北极的地图也没有完全覆盖，而且大多不是立体图。"嫦娥 1"号要完成一个覆盖全月高级别的月球表面三维立体影像，以及观测月球的地形地貌，"嫦娥 1"号卫星是利用 CCD 立体相机和激光高度计两者结合来实现的。

"嫦娥 1"号卫星的有效载荷要求控制在 140 千克以下，因此探测仪器要做得小、轻而且精。一般说来，立体影像是由 2 台或者 3 台相机从不同的角度拍摄而成，如日本的"月亮女神"月球探测器就是用 2 台相机从前后两个视角观测月球表面。而"嫦娥 1"号卫星的相机设计很巧妙，只用了 1 台相机。其巧妙之处在于，利用一片面阵 CCD 组成了这台相机的电子"底片"，在卫星飞行过程中每次只取 CCD 面阵中的前、中、后 3 行像素的信号，相机在随卫星的飞行的过程中，对月球表面进行"逐行扫描"，就会获得星下点、前视 17 度、后视 17 度三个视角形成的三幅二维原始图像数据，经过三维重构后，月球表面三维立体影像就被再现出来。

激光高度计完全是自主创新的探测仪器，分辨率较高，CCD 相机只能在月球表面有光照的情况下获取月表图像，而激光高度计则不受这个限制，在月球背阳面也能照常工作。当探测获得的点积累得足够多时，一张包括月球南北极的全月球的地表数字立体图像就出炉了。

探测月球资源

月球上有很多元素对地球人类的将来是非常有用的，通过探测可以了解，哪些东西是可能对地球人类有价值，这些东西有多少，哪里比较富集等。美国利用 1998 年发射的月球"勘探者"探测器，探测过 5 种元素（铁、钛、铀、钍、钾）在全月球上的分布。而"嫦娥 1"号探月卫星要做 14 种元素的全月球分布探测。这样，我们就能更清楚地知道月球上的资源有哪些，以及这些资源的分布情况。

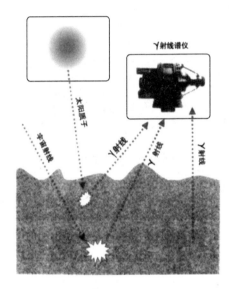

γ 射线仪工作示意图

"嫦娥 1"号探测月球资源是利用干涉成像光谱仪、γ 射线谱仪和 X 射线谱仪 3 项探测仪器完成的。

月球表面物质的原子受到宇宙射线粒子的轰击后，会激发出各具特征的 X 射线和 γ 射线。一些天然放射性元素不用宇宙射线的激发，自身就能发射 X 射线或 γ 射线。通过 γ 射线谱仪测量 γ 谱线的能量和通量，专家可以推导出月球表面元素的种类和蕴含程度。

但 X 射线谱仪和 γ 射线谱仪只能探测月球表面含有的元素，并不知道这些元素形成了哪些矿物质，这项任务由干涉成像光谱仪来完成。由于不同的矿物质能吸收不同的光波，干涉成像光谱仪就根据这个特征判断岩石的种类。

探测月球土壤层厚度

地球上的石油、天然气、煤炭等能源迟早要耗尽，人类渴望获得一种新的能源。氦-3 是可控核聚变发电的重要燃料，据估算只需要 100 多吨氦-3，就能满足全世界 1 年的用电量。地球上的氦-3 资源严重匮乏，而在月球上的资源却很丰富。通过探测全月球月壤层的厚度，可反演出月球氦－3 的资源量和分布。

为了探测月球土壤的厚度和氦－3 的资源储量，"嫦娥 1"号上搭载了一台微波探测仪，用以实施对月面细致深入的探测，对探测发回的数据进行反演和解析，从而估算出全月球的土壤厚度。

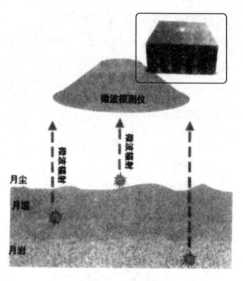

微波探测仪工作示意图

任何温度高于绝对零度（即－273 摄氏度）的物体都会产生微波辐射能量。利用不同频率的微波信号穿透月球表面物质的能力区别，便可获取月壤的厚度信息。"嫦娥 1"号卫星上的微波探测仪被设计成多频微波辐射计，选择的探测频率有 3.0 吉赫、7.8 吉赫、19.35 吉赫和 37.0 吉赫。微波的频率越高，其穿透能力越低，如 37.0 吉赫，反映的仅仅是月球的表面微波辐射，而 3.0 吉赫这个波段穿透能力较强，能反映月表深处月岩和月壤辐射的能量。利用测得的月表不同波段的微波辐射能量信息，专家就能分析出月壤的厚度。

土壤不如岩石那样坚硬，比较松散，也便于加工成各种形状的建筑材料，也容易提取其中的各种资源。因此，月球上土壤厚度的估算，对以后选择在哪个地区建立月球基地也十分重要。

探测地月空间环境

这是我国首次探测距离地球 38 万千米范围内的日、地、月空间环境，是一项重要的基础性的工作。通过探测太阳宇宙线高能带电粒子和太阳风等离子体，其探测结果能够获得空间环境变化的主要参数，提供相关的日、地、月空间环境信息，研究太阳风和月球以及磁尾和月球的相互作用，对深入认识这些空间物理现象对地球空间以及对月球空间的影响有深远的科学及工程意义。"嫦娥1"号采用搭载的太阳高能粒子探测器和太阳风离子探测器对地月空间环境进行探测。

弥漫于太阳系的太阳风示意图

宇宙充满了各种射线，太阳每时每刻都在向外发射高能粒子、太阳风。地球由于有一层厚厚的大气层环绕在周围，地球上的万物生灵的脆弱生命才得以延续。地球外围的太阳风，在地球磁场的作用下完全变形，所以，科学家在地球上测到的太阳风都受到了地球环境的影响。月球虽然绕地球运转，但受地球磁场的影响极弱，那里直接受太阳风的冲击。从月球探测的长远目标来看，人最终要在月球上开展活动，摸清月球上辐射的情况，有利于采取有效措施保护航天员的生命和身体健康。

激光高度计

激光高度计指利用激光测量卫星距地面高度的仪器。激光高度计的主要工作方式是利用计算发射和接收到激光的时间差来进行距离的测量。它以其高精确度、高分辨率和很好的独立性而得到科学家和工程师们的青睐，并被广泛地应用于遥感、航空航天等领域。

开发月球的设想

KAIFA YUEQIU DE SHEXIANG

　　大量研究表明，月球有丰富的矿产资源。月球虽然环境恶劣，但也有独特的优点：引力很小，在那里建造发射场向空间发射载荷，成本很低；没有大气，在那里建造天文台能看得更远、更清楚；在那里建造太阳能发电站效率高；月球有丰富的矿藏，能造福人类……总之，月球有巨大的开发价值。

　　早在1970年，美国宇航局制定了一个庞大的月球基地计划。80年代末期，国际宇航科学院认为，人类全面征服月球的时机已经到来。他们建议在今后的25年内，在月球上建立一个永久的生活区和工作站。这个基地将是一个生活区，同时也是一个科研站、天文台和生产基地。遗憾的是，这一计划并没有成为现实。

　　当人类进入21世纪的时候，人们征服月球的愿望依旧是那么强烈，而且月球基地建设和月球资源开发的序幕已经徐徐拉开……

月球能源的开发设想

在地球上，由于人口越来越多，能源危机也日益严重。因此，有人提出了把月球建成能源基地的设想。这种能源基地不但能为人类的月球基地提供动力，还可以为地球人谋福利。

20世纪80年代初，曾有一批美国科学家提出了一个月球采矿方案。他们建议先把重约60吨的自动化机械设备送上月球，其中包括一台小型电磁采矿设备，一台能从月球上开采出来的矿石中加工提炼出硅的设备，一台能把硅制造、装配成太阳能电池的设备，还有一台能生产更多上述自动化设备的"母机"。这台"母机"可以利用太阳能电池提供的能源和采矿机械提供的原料，制造出第二代、第三代采矿机械和太阳能电池，扩大再生产。据他们估算，实现这一计划约需要50亿美元，是"阿波罗"登月计划的1/5。

在利用月球能源的问题上，科学家们一致认为，未来月球探测与研究将重点朝向4个目标：①月球能源的全球分布与利用方案研究；②月球矿产资源的全球分布和利用方案研究；③月球特殊空间环境资源（超高真空、无大气活动、无磁场、地质构造稳定、弱重力、无污染）的开发利用；④建立月球基地的优选位置、建设方案与实施研究。

永久性月球基地想象图

科学家们还认为，世界各国应该联合起来，在最近二三十年内联合建立永久性月球基地，开发和利用月球，为人类的可持续发展服务。

月球是人类共同的财富，探索宇宙是人类共同的愿望，它将为全人类带来幸福。正如第二个登上月球的美国航天员奥尔德林所说："对于那些在悠悠转动的地球上仰望夜空的人，月亮都匀洒银光，绝不厚此薄彼。因此，我们希望，太空探索的成果也将由大家分享，从而给整个人类带来和谐的影响。"

开发月球太阳能资源

射向地球的太阳能，约有1/3被地球的大气反射到太空中，剩下不到2/3还要遭受地球大气的散射和吸收等，能够到达地球表面的只是一小部分；月球则不同，表面没有大气，太阳辐射可以长驱直入，每年到达月球范围内的太阳光辐射能量，大约为12万亿千瓦。

科学家设想在月球上建立一个极其巨大的太阳能光伏电池阵，由它来聚集大量的阳光发电，然后将产生的电能以微波形式传输到地球上。为了解决微波束发散角比较大，地面的接收天线难以接收的问题，可以使用微波激射技术（微波激射又称脉冲，它的波束不发散)。

设想中的月球太阳能光伏电池阵

月球上的一个白天和黑天各持续时间约为地球上的2个星期。为了持续供电，可以在月球上每隔经度120度各建一个太阳能电站，或者在月球的正面和背面各建一个太阳能电站，然后联结成网，就可以保证整个电网连续、稳定地发电。

硅是制造太阳能电池阵的主要材料，月球上硅储量丰富，又具超真空、低重力的环境，能生产出高质量的硅光伏电池。

月球太阳能电站建设需要的其他材料，如铝、钛、铁、钨、铜等，都能从月球上提取，但加工生产装置需要从地球送到月球。

开采氦–3

什么是氦

我们先简单地了解一下：在地球自然界，存在着3氦（氦–3）和4氦

（氦－4）两种同位素。4 氦的原子核有 2 个质子和 2 个中子，称为玻色子；而 3 氦只有 1 个中子，称为费米子。20 世纪 30 年代末期，卡皮查发现 4 氦的超流动性。朗道从理论上解释了这种现象，他认为当温度在绝对温度 2.17 开时，4 氦原子发生玻色爱因斯坦凝聚，成为超流体，而像 3 氦这样的费米子即使在最低能量下也不能发生凝聚，所以不可能发生超流动现象。金属的超导理论（BcS 理论）的提出，使得人们认为在极低温度下 3 氦也可能会形成超流体。但是人们一直未能在实验上发现 3 氦的超流动性。20 世纪 70 年代，戴维·李领导的康奈尔低温小组首次发现了 3 氦的超流动性，不久，其他的研究小组也证实了他们的发现。

3 氦超流体的发现在天体物理学上有着奇特的应用。人们使用相变产生的 3 氦超流体来验证关于在宇宙中如何形成所谓宇宙弦的理论。研究小组用中微子引起的核反应局部快速加热超流体 3 氦，当它们重新冷却后，会形成一些涡旋球。这些涡旋球就相当于宇宙弦。这个结果虽然不能作为宇宙弦存在的证据，但是可以认为是对 3 氦液体涡旋形成的理论的验证。3 氦超流体的发现不仅对凝聚态物理的研究起了推动作用，而且在此发现过程中所使用的磁共振的方法，开创了用磁共振技术进行断层检验的先河，今天磁共振断层检验已发展成为医疗诊断的普遍手段。

氦－3 神奇在哪里

氦－3 是氦的同位素。含有 2 个质子和 1 个中子。它有着许多特殊的特性。当氦－3 和氦－4 以一定的比例相混合后，通过稀释制冷理论，温度可以降低到接近绝对零度。在温度达到 2.18 开以下的时候，液体状态的氦－3 还出现"超流"现象，即没有黏滞性，它甚至可以从盛放的杯子中"爬"出去。然而，当前氦－3 最被人重视的原因还是它作为能源的潜力。氦－3 可以和氢的同位素氘发生核聚变反应，但是与一般的核聚变反应不同，氦－3 在

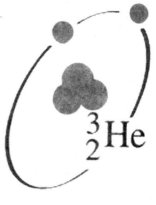

氦－3 的结构图

聚变过程中不产生中子，所以放射性小，而且反应过程易于控制，既环保又安全。

开发利用氦－3

开发利用月球土壤中的氦－3，将是解决人类能源危机的极具潜力的途径之一。

从20世纪90年代开始，人类掀起了新一轮的探月高潮，在这次探月高潮中，氦－3成为世人共同的目标。但是，月球氦－3的形成和分布特征、储量和应用，仍是月球科学研究中亟待解决的问题，只有通过大量的探测和重返月球野外实地考察，才能获得较为满意的回答。

1. 氦－3的形成机理

月球表面的土壤是由岩石碎屑、粉末、角砾岩、玻璃珠组成的，其结构松散且相当软。月海区的土壤一般厚4～5米，高地的土壤较厚，但也不超过10米。月球土壤的粒度变化范围很宽，大的几厘米，小的只有一毫米或微米级，这些细土一般称为月尘。月球土壤中细小的角砾岩及玻璃珠，约占70%，小颗粒状玄武岩及辉长岩约占13%。惰性气体在月球玄武岩和高地角砾岩中含量极低，大气中就更低，几乎为零。然而，月壤和角砾岩中氢气元素则相当丰富。这是由于太阳风的注入，太阳风实际上是太阳不断向外喷射出的稳定的粒子流。1965年"维那3"号火箭对太阳风的化学组成进行了直接测定，结果显示，太阳风粒子主要是由氢离子组成的，其次是氦离子。由于外来物体对月球表面撞击，使月壤物质混杂，在探达数十米的范围内存在着这氢气元素。太阳离子注入物体表面的深度，通常小于0.2微米。因此，这些元素在月壤最细颗粒中含量最高，大部分注入气体的粒子堆积粘合成月壤角砾岩或黎聚在玻璃珠的内部。氦大部分集中在小于50微米的富含钛铁矿的月壤中。

2. 氦－3的利用前景

月球上的氦－3所能产生的电能，相当于1985年美国发电量的4万倍，考虑到月壤的开采、排气、同位素分离和运回地球的成本，氦－3的能源偿还比估计可达1：250。这个偿还比和铀—235生产核燃料（1：20）及地球上煤矿开采（偿还比约1：16）相比，是相当有利的。

氦被人类广泛利用

此外，从月壤中提取 1 吨氦－3，还可以得到约 6300 吨的氢、70 吨的氮和 1600 吨碳。这些副产品对维持月球永久基地来说，也是必需的。俄罗斯科学家加利莫夫认为，每年人类只需发射 2～3 艘载重 10 吨的宇宙飞船，即可从月球上运回大量氦－3，供全人类作为替代能源使用 1 年，而它的运输费用只相当于目前核能发电的几十分之一。据加利莫夫介绍，如果人类目前就开始着手实施从月球开采氦－3 的计划，大约三四十年后，人类就能实现月球氦－3 的实地开采并将其运回地面，该计划总的费用将在 2500 万～3000 万美元。

有人提出，可不可以不将氦－3 运回地球，而是直接在月球上建立核能源基地，通过电能传输到静止轨道上的中断卫星，再传送到位于地球的接收站，然后分配到各个地区，供用户使用呢？科学家们预测，在月球上建立核电站并保持其正常工作，难度要比从月球上运回原料氦－3 在地球上发电大得多。

"嫦娥 1"号卫星搭载的探月仪器探测月球土壤厚度与元素含量是该探测卫星工作的重要内容。氦－3 作为最有潜力的新能源，也是我国探卫星获取其资源信息的重要内容。

开发月球矿物宝藏

科学家们已经提出了多种月球基地的采矿方案，包括借鉴地球采矿技术和采矿设备，计算机控制的遥控操作采矿系统等。月球采矿将分阶段实现：第一阶段首先进行勘探和采矿的试验性研究；第二阶段建设采矿所需的基础设施，例如从地球上将勘探、施工和采矿设备部件运送到月球基地上进行装配，建设采矿场，并开展小规模作业；在第三阶段将扩大采矿作业；第四阶段将建成先进的月球采矿基地，采矿人员将在控制室中遥控机器人进行较大规模的开采。

目前，美国在研讨未来月球冶金工业的建设方案。估计到 2025 年左右，月球上就会出现第一批冶金厂。生产各种金属制件和液氧，供建设月球基地、太阳能电站、空间站以及其他航天器的需要。

月球采矿将是个高度自动化的过程，平时无人值守，隔一段时间，航天员对开采设备进行一次检查和维护。月球上的开采设备与地球上的开采设备有许多不同，它们大都是遥控开采机器人，以电力驱动，能承受恶劣的月球环境，采用模块化设计，以便于更换部件和维修。开采机器人能够"一专多能"，除完成"本职工作"

美国研制的一种遥控开采机器人

外，还能承担一些通用性的任务，如起重、拖运等。由于月球重力加速度只有地球的1/6，与地球质量相同的物体在月面要轻得多，因此月面运输的能耗很低。对于开采量较大的作业，需要使用可移动的处理设备如移动处理厂等，避免大量的原料运输，以提高开采效率。

理想的天文科学基地

科学天然空间站

月球上有很高的真空度以及较小重力，是人类的天然空间站。人类在将来完全可能将一些物理、化学、生物等在地球上做不了的实验移到月球去做。月球还能成为未来特殊材料制造工业基地，制造人类急需而地球上又无法制备的特殊材料和极精密的材料。

月球的稳定性将成为又一种亟待开发的太空优势资源。在月球上建立海船、飞机、航天飞船等导航系统，会更加稳定，不会因为卫星姿态失控而出现导航能力下降。

架起观天台

探索宇宙、掌握未知世界是人类社会发展的动力，天文观测是探索未知世界的重要活动。月球的自然环境具有特殊性，天文观测条件十分优越，天文学家非常希望能在月球上建起大型月基天文台。大型天文台在月球出现后，会大大扩展人类的眼界，或许第一次接收到外星人来电的就是月基天文台。

天文望远镜拍摄的星空照片

由于地面天文观测要受到地球大气的各种效应和复杂的地球运动等因素的严重影响，因此，其观测精度和观测对象受到了许多限制，远远不能满足现代天文研究的要求。这些影响主要表现为两个方面：①地球大气中的各种原子、分子、离子和尘埃粒子对于来自天体的电磁辐射的吸收和散射，这导致在整个电磁波段只存在为数不多的透明"窗口"，在这些"窗口"内大气的吸收和散射不太明显，透射率较高。这些"窗口"主要存在于光学波段、近红外波段和波长从 15 毫米到 0.3 毫米的射电波段。地面的天文观测只能局限在这些大气窗口对应的波段进行，这就使得我们在地面无法获得来自天体的全面的物理信息。②大气的扰动影响，对于光学波段，这种扰动表现为星象的不规则运动和弥散以及星象亮度的迅速变化，大气扰动的存在会严重影响天文观测的效率和精度。

为了提高天文观测的质量，世界各国发射了一系列的天文卫星，如"哈勃"望远镜、"钱德拉"望远镜等等。尽管这些在近地轨道上运行的天文仪器所处的空间环境比地面优越得多，但仍然要受到地球高层大气的一些效应的有害影响。

在几百千米的高空，大气虽已十分稀薄，但地球大气的阻力会使卫星慢慢地沿螺旋轨道不断降低，以致如要长期使用天文卫星，必须适时作轨道修正，保持卫星的高度；大量卫星的残骸和发射火箭的碎片将污染天文卫星周边的环境，可能会严重地损害望远镜灵敏的光学部件和仪器；天文卫星

"哈勃"望远镜

的运行速度高达8000米/秒，这使它在与微粒和残余大气离子相撞时会受到损害；在失重的环境下，要使卫星上的天文望远镜实现对观测目标的高精度指向和精密跟踪非常困难，必须配有很复杂的机械装置，而仪器越大，不能进行天文观测的时间就会越多。此外，由于近地卫星绕地球公转的周期通常仅为90分钟，因而观测一批天体所能连续用的曝光时间就不可能很长，这也给卫星天文观测带来一定的限制；近地轨道卫星还会遭受到迅速的热变化和引力变化的影响，这些变化限制了轨道上望远镜的大小，从而也限制了它的分辨率和灵敏度。

月球上的重力只有地球的1/6，而且月球上永远没有风，在月球上架设巨型望远镜及观测台比在地球上更方便。月球的地质活动比地球弱得多，月震活动只有地震活动的亿分之一，对望远镜的观测影响很小，这对基线很长的光学、红外和射电干涉系统尤为有利。月球背面没有人类活动造成的纷杂的干扰环境，更是观天的宝地。另外，与失重状态下的空间望远镜相比，月基望远镜是建在月球这个直径为3476千米的巨大而稳定的观测平台上的，因而，望远镜的安装、维修、跟踪等问题的解决都比空间望远镜容易得多。"哈勃"空间望远镜升空后，为了对其进行维修，航天员就曾数次乘航天飞机到太空，对其先"追"再"抓"，费了不少周折。

星际航行的中转站

在月球上建设发射场，把月球当做飞往火星和其他天体的中转站，是开发月球资源一个重要目的。由于月球几乎没有大气，没有磁场，它的重力加速度只有地球因此从月球上发射大型航天器，使其摆脱月球引力进入更遥远的深空，比从地球发射起飞容易得多，可以大大降低从地球到其他天体的发射成本。重要的是要在月球上能生产出火箭推进剂——液氢和液氧。

自 1990 年起，为了在月球物质中获得氧，美国和法国的一些有关专家进行了大量的实验研究工作，他们最终发现，可以从月壤的重要成分之一——钛铁矿中获得氧。钛铁矿是钛和铁的氧化物，在 800 摄氏度的高温下加热，即可分离出钛、铁和氧。另外，从月壤中提取 1 吨氦 – 3，可以得到约 6300 吨的氢、70 吨的氮和 1600 吨碳这样一些副产品，将其中的氢气与氧气液化，就可以获得液氢液氧推进剂。

科学家们提出，如果月球极地永久阴影区中确实存在水冰，生产液氢液氧推进剂就更简单了。在超真空环境下，将含水冰的月壤加热到 – 23 摄氏度以上，就可收集到气态的水，然后冷凝成液态，再进行电解、液化，即可以制得液氢液氧推进剂。生产出的液氢液氧可存放在永久阴影区保存。

在月球上生产火箭推进剂以后，建设月球基地，开发月球资源，以及进行飞往火星等天体的步伐都将会大大加快。

"哈勃" 空间望远镜（HST）

"哈勃" 空间望远镜（HST）是由美国宇航局主持建造的四座巨型空间天文台中的第一座，也是所有天文观测项目中规模最大、投资最多、最受到公众瞩目的一项。它筹建于 1978 年，设计历时 7 年，1989 年完成，并于 1990 年 4 月 25 日由航天飞机运载升空，耗资 30 亿美元。但是由于人为原因造成的主镜光学系统的球差，不得不在 1993 年 12 月 2 日进行了规模浩大的修复工作。成功的修复使 HST 性能达到甚至超过了原先设计的目标，观测结果表明，它的分辨率比地面的大型望远镜高出几十倍，对国际天文学界的发展有非常重要的影响。

观光旅游新去处

随着技术、经济等发展，人们已经开始向往到月球去旅游。人们去月球旅游，除了观看月球、宇宙星空以外，还有一个项目就是观看地球。据美国登月航天员说，从月面上观看地球别有一番风味。

现在讲去月球旅游，并不是幻想，而是指日可待的事情了。

2007 年 4 月，美国太空探险公司宣称，其准备与俄罗斯太空旅游公司合作实施月球旅游计划：今后 5 年内，游客花费 1 亿美元，就可以搭乘俄罗斯的"联盟"号载人飞船进行环月旅游。

据美国太空探险公司副总法拉内塔说："俄罗斯的'联盟'号载人飞船，是实现这一

俄罗斯"联盟"号载人飞船

项目的最佳选择。我们打算将月球轨道旅游的门票定为每人 1 亿美元。当然，从理论上讲，我们并不排除一艘'联盟'号飞船搭载 2 名月球游客和 1 名专业航天员的可能性。这样一来，如果按每位游客 1 亿美元来收费的话，搭载 2 名游客到月球旅游一次，可以收费 2 亿美元。"

法拉内塔指出：实现月球旅游可通过 2 种途径来实现，第一种是直接将游客送到绕月轨道旅游。第二种途径是先将游客送到国际空间站，然后从国际空间站飞往月球。美国太空探险公司认为，第二种途径可能更受人们的欢迎，因为这一途径不仅能让游客们实现月球观光的愿望，还能顺便在国际空

间站逛上一回。

在世界上拥有许多著名大饭店的希尔顿国际公司，准备在月球上建造第一家现代化的五星级宾馆。这家公司正在就这项工程同美国国家航空航天局的专家进行密切合作，并希望建立合作伙伴关系，以便能把客人送到这家大饭店去，供太空游客去月球观光旅游。

俄罗斯"联盟"号载人飞船

"联盟"号是前苏联研制的第三代载人飞船的名字。"联盟"号飞船是前苏联在积累了多年经验之后，所开发出来的一种最成熟的载人航天器。"联盟"号飞船是俄罗斯航天部门现在拥有的唯一一种可载人航天器，也是可向国际空间站输送宇航员的仅有 2 种工具之一（另一种是美国的航天飞机）。其他衍生物包括"进步"号货运飞船，这是一种设计得十分成功的无人货物运输飞船，在维持"和平"号空间站和国际空间站的正常运转中发挥了巨大的作用。

"联盟"号飞船在 1967~1981 年共发射 40 艘。"联合 1~10"号，载 1~3 人，射入地球轨道。其余 30 次飞行大部分是"联合"号太空舱与在轨道上的"沙礼特"号太空站相连；交换 1 名"联合"号乘员进入太空实验室，进行较长时间的科学实验。

建设月球基地的梦想

自古以来，人类就有在月球上建设家园的梦想，我国古代的民间传说中，就有嫦娥与吴刚在月宫中生活的美丽神话。而最先提出建设月球基地的，是一批极富想象力的幻想家和科幻作家。进入 21 世纪，建设月球基地将不再是幻想，而是要变成实际行动了。

1987 年 10 月，在国际宇航科学院大会上，来自 50 多个国家的近千名科学家和工程师，联名提议建造国际月球基地。1995 年 4 月，在德国召开的会议上，各国科学家们讨论了建设月球基地的国际发展战略，目前美国、日本和欧洲空间局等国家和组织，都提出了建设月球基地的计划，并开始为实施月球基地计划做准备。

现在的问题是，人类将如何建设月球基地，开发利用这个离地球最近天体的丰富资源。

（1）开发、利用月球资源，为人类造福。

（2）利用月球高远优势资源进行科学研究和实验。

（3）按照循序渐进的月球基地发展策略，最终在月球表面建立一个有人居住的永久性基地和月球村。

月球基地建在哪里

建设月球基地，首先遇到的一个问题就是选址，就是月球基地建在什么地点才是最合适。

根据开发月球的要求和特点不同，将有不同类型和功能的基地，不同类型和功能的基地，对于基地的选址将有不同的要求，例如：

（1）月球天文观察站的站址宜选在能屏蔽地球发射无线电噪声的月球背面。

矿产资源开发基地则应选择矿产资源丰富的地区建设基地。

（2）月球的南北极地区可能是火箭推进剂生产基地合理的备选区域，因为那里可能存在大量的水冰。

（3）对于科学研究基地则应满足下列条件：能够和地球保持畅通的通信联系；有良好的光照条件，可以充分利用太阳能；满足制备氧、水等维持生命的消耗物资的需要；周围有丰富的资源，能满足月球资源研究和利用的需要；地势比较宽阔平坦，有利于飞船的起飞和降落。

月球极区约有70% ~80% 的时间处于阳光照射之下，太阳能电池能为月球基地提供充足的电力，极区的温差较小，两极地区分布了大量月海，应是建立月球科学研究的理想地区。

月球机器人打先锋

由于月面环境十分恶劣，人离开生命保障系统是无法生存的。航天员在月球上必须身穿笨重的月球服,背着沉甸甸的便携式生命保障系统。而且在居住舱外还不能工作时间太长。然而,机器人不需要特殊的月球防护服,也不需要为机器人建造密闭居住舱和提供复杂的环境控制和生命保障系统,可以在月面长时间工作。机器人还可以承担危险的和特殊的工作,例如进入极寒冷的月球南北极永久阴影区进行探测等。在月球基地建设中,机器人最能充分显示自己的本领,在基地建设中打先锋。

未来在建设月球基地工作中,需要各种各样的月球机器人如:

(1)大力士机型器人。这种机器人力气大,适合作重活,如装卸、搬运和安装大型结构件等。

(2)多面手型机器人。它在月球基地建设能承担多种任务,既能完成一般的体力工作如挖掘,又能进行一些精细操作如建筑安装等。

实验机器人

(3)灵巧机型器人。负责完成各种精细操作,如精密仪器设备的安装、操作和维护。

(4)实验机器人。在月面根据需要进行采样,进行实验分析。

(5)筑路机器人。负责飞船着陆场地建设,如开凿和挖掘、平整土地、修筑道路等。

(6)其他作业机器人如建设机器人、机器人修理工、排险机器人和在月球基地建设中承担日常杂务的机器人等。

分阶段建设

建设月球基地是一个漫长的过程,需要由小到大,循序渐进分阶段建设。

建立前哨站

早期的临时性月球前哨站规模不大。这种前哨站最基本的设施应包括:一个能防辐射并适合航天员生活的居住舱和一个实验舱及一个能提供生命保障和食品的后勤舱；一个带气闸门的连接舱，用于航天员出入月球表面，另外还要有提供能源的能源舱和一辆月球运输车。

用无人驾驶飞船，将已经在地面制作好的移动式居住舱及舱段运送到月球，由月球机器人使其对接成一个整体，建成一个短期有人照料的月球前哨站。

在月球前哨站将进行从月壤中提取水和氧气试验和月球资源开发技术的试验以及植物栽培试验等，为建设永久月球基地做准备。同时，利用月球高真空和低重力环境，小规模生产药品和特种材料。

月球前哨站想象图

首批入驻人员约 4~6 名，成员中除职业航天员外，可能还包括地质学家、化学家、建筑工程师、生物学家或其他领域的专业人员。这个阶段需要依靠地球提供补给，一般半年轮换一次。

建立半永久性月球基地

半永久性月球基地由多用途月球基地舱、专用设备舱、科学实验室、大型观测台和月球工厂等组成，各舱段之间用通道相互连接。基地能源由已经建成的月球太阳能电站提供。该阶段月球基地主要是生产水和氧，生产永久性月球基地建设用材料，进行循环生态系统研究和生产推进剂，制取少量氦－3等能源材料。这一阶段由航天员及各类专家约 24 人组成，一般一年轮换一次，为建设永久性月球基地奠定基础。

建立永久性月球基地

永久性月球基地由设备制造厂、农业工厂、月球港湾、医院等功能单元组成，主要任务是大规模开发利用月球资源，提供地球能源需求，进行全面深入月球研究和天文观测，建成火星中转站，是自主式全能型的月球基地，将有上百人可在那里长期生活和工作。

建立月球村或月球城

在永久性月球基地的基础上，不断扩大发展成自给自足，建立具有封闭循环生态系统的月球村或月球城。

月球城想象图

作为月球上的永久性居住点，在这个居住点里备有运输机器、材料加工厂和制造车间，其设备可以加工月球上的材料，制造更多的机械设备，建造更多的材料加工厂和制造车间，达到规模化的生产能力。利用基地的制造加工能力，可以在月球上建设科研基地、实验室、医疗中心和火箭燃料生产工厂，进一步提高空间探测和月球资源开发能力。月球移民区可以发展各种制造业，合成空气和水，种植农作物，饲养动物，月球村或月球城有先进而完善的再生式生命保障系统，使氧气、水、食品、生活必需品、电力供应和火箭燃料，实现自给自足，不再依靠地球的物资供应，此外还解决了宇宙辐射防护和月球重力的适应问题。

随着航天技术的发展和重返月球计划的实施，预计在 21 世纪后期或更晚一些时间。月球基地将出现在世人面前。

打造人在月球的生存环境

把家搬到月球去

居住在小小地球上的人类，多么想到无边无际的星空中去遨游。人们看到月亮，幻想出"嫦娥奔月"、"吴刚伐桂"、"玉兔捣药"等许多美丽的神话故事。但登月一看，月亮却是一片没有水，也没有空气的荒漠。其他星球的情况，也并不比月球更适于人类生活。

但外星球的恶劣条件，并不能打消人类的雄心壮志。美国、俄罗斯等航天大国都在进行实验，研究如何在无水无气的外星创造人类生活的条件。其中名气最大的实验是美国的"生物圈2"号计划。科学家为什么把他们的实验叫"生物圈2"号呢？原因是他们把人类生息的地球环境叫"生物圈1"号，而他们的实验就是要造出第二个地球环境。

美国从1984年起花费了近2亿美元，在亚利桑那州建造了这个几乎完全密封的实验基地。这是一座占地1.3万平方米的钢架结构的玻璃建筑，远远望去像一个巨大的温室。在这密封的建筑里有碧绿的麦田、地毯似的绿草地、碧波荡漾的鱼塘，还有袖珍的"海洋"，有各种家畜和家禽，也有几排供人居住的房子。

"生物圈2"号实际上就是"大气圈2"号。科学家想一个人在小环境里造出人工大气，在那里有限的氧气和水分可以永远循环使用。要达到这个目的，就不能不借助于生态系统。以氧气为例，人要吸收氧气和呼出二氧化碳；植物的光合作用却正好相反，需要吸收二氧

"生物圈2"号

化碳和放出氧气。如果使二者达到平衡，人和植物就都能健康生活。当然植物还可供给人类食物，人类又能供给植物肥料，这样，又能达到各自的营养物质的平衡。在这个小大气中，人类呼吸和植物蒸腾都能放出水汽，人的排泄物也有许多水分，这些水分收集和净化后也能重复使用。

但是，人造大气毕竟比不上地球真大气。因为在大气圈里各种物质收支即使有波动，也能互相调剂，最终仍然能达到平衡。但在"生物圈2"号里，则没有这种弹性，一切要计算得十分精确。还是以氧气为例，如果氧气的吸收略多于氧气的放出，要不了多久，里面的人类和其他生物就会感觉缺氧，

如不及时调剂，情况就会变得十分严重。而如果相反，吸收略小于放出，那么不要多久，就会出现氧气太多、二氧化碳不足的情况，植物因而无法进行光合作用，也就无法健康生长。

而正是对空气成分的控制的失误，导致了"生物圈2"号实验的失败。这个实验进行了1年多之后，土壤中的碳与氧气反应生成二氧化碳，部分二氧化碳与建筑材料中的钙发生反应，生成碳酸钙，结果，密封的建筑内的氧气含量从21%下降到14%。另外，建筑内的植物因大气成分失调而产量下降，养不活建筑内的实验员与牧畜，所以只好提前结束实验。更加令人意外的是，"生物圈2"号运行3年后，其中的二氧化碳猛增到79%，足以影响人体生理的机能，其中的原因目前尚未查清。

1996年1月1日，哥伦比亚大学接管了"生物圈2"号，模拟出一个类似地球的、可供人类生存的生态环境的研究仍在继续。

居住舱的各种构想

月球基地居住舱，像地球上的房屋一样是人生活居住的地方，由于月球的特殊环境，它的建造不仅非常重要而且复杂。随着月球基地规模不断发展和扩大，航天员人数越来越多，居住舱的建设任务也越来越重。科学家们提出了各式各样的建设月球基地居住舱的构想。

预制舱

在地球上预先将居住舱制造好，然后用火箭和登月飞船发射到月面。

洞穴和溶洞式居住舱

月球溶洞是火山活动的结果，在溶洞中建造居住舱，能有效防止宇宙辐射的危害。在月面挖洞穴建居住舱，也能有效防止宇宙辐射的危害。

掩埋式居住舱

在月面上开凿一条隧道，在隧道内建设居住舱。当在月球基地附近找不到溶洞的情况下，可以采取这种方法。

混凝土居住舱

建设居住舱的混凝土，是在月面利用月球岩石生产的。用混凝土建设居住舱的最大好处，就是坚固耐用。

复合材料居住舱

可以在月面直接生产玻璃纤维增强复合材料，用以制造月球基地居住舱。

金属居住舱

从月球矿石中提炼出铝、铁和钛等金属，然后制成建筑材料，再用这些材料建造居住舱。

充气式大圆球居住舱

1990 年，美国提出了一个大型月球基地设计方案，月球基地的居住舱是一个直径 16 米的大圆球，可供 12 名航天员在里面生活和工作。居住舱总容积为 2145 立方米，可供使用的面积为 742 平方米。

整个居住舱是一个充气结构，舱壁分 2 层，内层是一种多层不透气的气囊结构，气囊内可以充气。外层用高强度材料制成，并涂有防热层。居住舱用 1 米厚的月壤覆盖，作为防辐射屏蔽层。整个舱壁结构和防辐射屏蔽层由 12 根柱子支撑。居住舱从下到上分为 5 层：

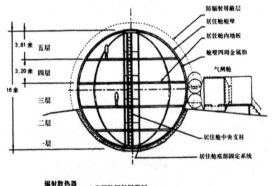

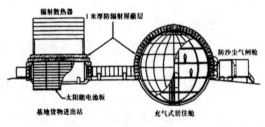

充气式大圆球居住舱示意图

最底层安装环境控制和生命保障系统，一部分作为月球基地的储藏室；第二层为基地实验区；第三层为基地控制区，与气闸舱相通；第四层是航天员工作区；第五层是最上层，为航天员生活区。在居住舱的外边，还有一个货物进出站，由加压舱与居住舱相通，是仪器设备进出居住舱的通道。

日本科学家的奇妙想法

日本科学家打算在月球表面的月壤层上挖一条深约 5 米的沟，沟内放入一个直径 3 米的圆筒形加热器，然后在加热器上面盖上厚约 2 米的月壤。当加热器把月壤加热到 1200 摄氏度时，月壤就会熔化成玻璃。移开加热器，再进行类似作业，月壤熔化形成的玻璃冷却后，会固结成一个坚固的外壳，壳底留下直径 3 米的管状空间，也就成了建造月球城的场所。无论是哪一种类型的居住舱，舱内都必须具备环境控制与生命保障系统。

创造人在月球上的生存条件

氧气、水、食物和循环生态系统是人类在月球生存的基本要素。

在月球基地要营造一个像地球上一样的生存环境，在这个环境里，有与地球上一样的大气压力，有饮用水，有可供呼吸的空气，还有适宜的温度、湿度等人类生存所需要的基本元素。月球基地上使用的生命保障系统，也随基地发展阶段的不同而不同。初期基地的生命保障系统是非再生式的，基地消耗的氧气、水和食物，要依靠地球的补充供应。此后建造的月球基地，生命保障系统是再生式的，即月球基地的氧气、水或食物，都要靠密闭循环处理和绿色植物的光合作用来就地解决。

呼吸与饮用水

虽然月球表面没有水又没有空气，但是月球的岩石里含有很多氧，于是科学家们提出了用月球岩石制造淡水和氧气的设想。

美国科学家对"阿波罗"飞船取回的月球样品进行了相关研究之后。提出利用月海玄武岩制取氧的工艺方法。这种方法利用太阳能提供热源，在 800 摄氏度的高温下，先用氢还原月海玄武岩中的钛铁矿获得水，解决了水的问题以后，再通过电解水提取氧气。

据估计，生产 1000 千克水，大约需要 10000 千克的钛铁矿。如果开采深度按 40 厘米计算，相当于开采 220 平方米的月海区。

最初用作还原剂的氢可从地球上运来，但生产开始后电解水获得的氢可循环使用。

另据计算，一年只需要生产 1 吨氧气，即可维持月球上 10 人一年的生存的需要。

还有一些科学家提出另外一种制取氧气的方法。他们设想用甲烷和月球岩石中的硅酸镁在高温下发生反应，生产一氧化碳和氢。然后在温度较低的第二个反应器中，用一氧化碳与更多的氢发生反应，还原成甲烷和水。最后通过电解水制取氧气和氢气；还原的甲烷可以循环使用。用这种方法制取氧气，从理论上说只消耗月壤中的硅酸镁，不消耗参加反应的其他物质，所以几乎有用不完的制氧原料。

根据对"克莱门汀"号和月球勘探者月球探测器发回的探测结果分析，月球上可能存在水冰，并且存储于月球两极撞击坑的永久阴影区内，一些科学家估计月球上水冰的总资源量约 66 亿吨。一些科学家认为，如果月球确实存在水，人类对月球经过长期开发建设后，也有可能从月球极区提取水。

早期的月球基地的食物由地球供给，但永久月球基地则必须自给自足。

在月球上种庄稼

在南太平洋的某处海底，静静地躺着俄罗斯"和平"号空间站的残骸，它搭载着一个由保加利亚制造的微型温室。1999 年，世界上第一代太空小麦正是在这个仅 1 平方米大的空间里问世的，从而揭开了在太空种植粮食作物的新纪元。

在太空种植粮食的尝试几乎是和人类探索太空同步开始的，科学家们曾经试图用"阿波罗"飞船从月球带回来的泥土培育植物。从 1975 年起，每一次前苏联飞船升空，都会带着一个苗床。然而，在天上种地并不像在地面那么简单。美国的地球生态学家杰伊·斯基尔斯说，失重会影响植物根系向下生长；不同的光照条件和空气分也会干扰植物的成长；没有了昆虫，授粉也无法进行。

尽管人类曾经在非粮食类作物的试验上取得了一些进展，但真正在太空种植粮食获得成功是在 20 世纪 80 年代，前苏联聘请保加利亚为其建造了搭载"和平"号上的实验用温室之后。到了 90 年代初，航天员成功地在这个 40 厘米高的温室里种出了莴苣和萝卜。从 1995 年开始，美国和俄罗斯科学家们尝试种植小麦。4 年后，他们的努力终于得到了回报，1999 年收获了第一代太空小麦。

第一代 508 粒太空小麦收获后被再次播种，并在当年结出了第二代太空小麦，每一粒都有第一代的 2 倍大。科学家们认为，太空的生长环境有助于提高作物产量，增强抗病性。他们将研究粮食在太空中的其他用途，使其在人类太空生活的各个方面都能发挥作用，最终帮助人类实现向其他星球移民的宏伟计划。

国际空间站升空后，美国和俄罗斯的专家又开始了空间植物研究。在国际空间站上的作物实验装置里，航天员栽种过豌豆和日本洋白菜，其中豌豆种植实验已成功收获了 4 次。从 2004 年 11 月开始，国际空间站上第

第二代太空小麦

10 长期考察组成员——俄罗斯航天员萨利占·沙里波夫和美国华裔航天员焦立中在国际空间站上栽培日本洋白菜、水萝卜和第四代豌豆；2005 年他们的接班人继续照料所种的萝卜。这些研究将帮助确定最佳的土壤成分和研制可以用于更大太空温室的工艺，其中包括可在行星间飞船中使用的温室和月球基地上的大型温室。

近几年来，科学家空间站上进行了大量的生物学试验证明在太空失重条件下，植物种子的发芽率更高，生长更快，开花或抽穗时间更早。也对一些动物进行了试验。在空间站里果蝇能像在地球上一样交配、产卵、繁殖后代；蜜蜂会筑巢，蜂王照样生儿育女。科学家们还在空间站采用"营养液"，对培

育农作物进行了不少实验研究。

月壤中有农作物所需的多种元素，但缺乏氮、锌、硼等农作物所需的微量元素。

科学家们设想在月球上培育粮食和蔬菜，首先要建造由特殊材料构成的月球温室，其次要有人造阳光，另外还要使用含有钾和钙等成分的特殊液体养料，先在基地内进行试验。然后扩大规模，科学家还在研究用化学物理方法合成氨基酸，如培养蛋白质较高的小球藻，来制备航天员食品。食物在月球上是可以解决的。

循环生态系统

建设永久性月球基地、月球工厂或月球村，需要解决封闭循环生态系统问题，以便能够提供给人体长期所需的食物、水和空气，并长时间保持良好的生态环境。

科学家在国际空间站的实验表明。在发光二极管的光照下，植物能够进行正常的光合作用，释放出氧气。人可以吸入植物释放出的氧气，呼出二氧化碳，为植物进行光合作用提供条件。植物通过光合作用又将光、二氧化碳和水转化为碳水化合物并释放出氧气，碳水化合物可作为人的食品。同时，人类排泄物在微生物作用下可形成降解物，其中的养分可供植物生长，这样就可以形成一个人造的"小生物圈"，为建立密闭的循环生态系统提供条件。

人类在月球上的生活是可能想象的

王绶琯，天文学家。1923年1月15日生于福建福州。1980年当选中国科学院院士，历任中国科学院北京天文台研究员、台长、名誉台长；曾任中国科学院数学物理学部主任、国家科委天文学科组副组长等职。开创了中国的射电天文学观测研究领域，也是中国现代天体物理学的主要奠基者之一。1993年，由紫金山天文台发现的国际编号为3171号的小行星，被正式命名为"王绶琯星"，以示对这位中国天文学者的尊敬。

以下是王绶琯院士关于人类登月的答问。

问：奔月是神话吗？

王绶琯：20 世纪的天文学发生了前所未有的飞跃。人类第一次能够用完全科学的语言来描述宇宙从大约 120 亿年前诞生一直演变到我们今日所见的大千世界的历程。这一方面得力于 20 世纪中期各种技术的高速发展。以往天文观测凭借的望远镜，虽然威力愈来愈大，但观测所及仅限于天文目标发来的光（人的眼睛能反应的"可见光"）所带到的信息，而 20 世纪中叶射电天文手段的成熟，使日常观测范围延伸到了天体的无线电波；到了后叶，借助于航天技术，空间天文手段的发展已使包括红外射线、紫外射线、X 射线、γ 射线的各种天文信息尽收眼底；目前，各种天文手段上投资数亿的

王绶琯院士

设备已在陆续投入观测工作；人们可以期待这几十年里新一代的天文设备将到月亮上安居。奔月将不再是神话传说，月宫里的嫦娥将不再寂寞。

宇宙之大，天体之微弱与繁多，使天文观测手段的发展举足轻重。但是历史上天文学科的前进总是靠观测和理论"两条腿走路"的。20 世纪天文学的理论进展得益于它的前沿研究与同时代物理学前沿的交叉和融合。最重要的是恒星演化理论形成时与当时的原子物理和核物理的结合以及"大爆炸宇宙学"（一种说明宇宙起源于一次"大爆炸"的理论）与广义相对论和高能物理的结合。这些理论解释了观测结果，提出预测、向观测挑战并接受观测的挑战。

问："宇宙起源于大爆炸"已经被世界公认了吗？现在对于宇宙到底有多少有定论吗？

王绶琯："大爆炸宇宙学"的实测根据是哈勃 1929 年发现的远方的星系都在退行（朝离开我们的方向飞驰），而距离我们越远的退行越快的现象。这可以用宇宙在膨胀来解释。理论上，"膨胀宇宙"得到爱因斯坦的广义相对论的支持。认定了宇宙在膨胀，就可以认定它在开始膨胀时是一个密集的小点，并可以认定是一次"大爆炸"启动了膨胀。

问：有外国的媒体报道说，美国科学家的研究成果表明微生物的生命力极强，远远超出了人们的想象，它们完全有可能在外太空恶劣的环境中生存，因此，我们能不能做出一个大胆的猜测，在地球之外有所谓的"外星人"的存在，或是更高级的太空生命的存在？

王绶琯：在科学界有这样一个合理的思想，就是说在地球之外还有许多和地球类似的行星，拥有和地球类似的环境，有生命体的存在并慢慢滋生，慢慢演化。一个老问题是，最原始的生命物质究竟是地球上自己产生的还是从外界掉下来的流星或彗星上携带来的，天文学上几十年来一直在观测宇宙空间中云块和一些星体的外层来寻找复杂的分子，这方面的进展使科学家期望能够发现更复杂的、比如说氨基酸之类的分子，虽然现在还没有找到。另一方面，20 个世纪 50 年代就已经有人做过这样的实验，在实验室中模拟一个早期地球的环境，把一些"原料"放在一起，在紫外线照射下形成一些可能用作生命的原材料物质。这样种种类型的课题都值得探索。目前对于在空间中形成低级的生命原材料的探讨当然是值得注意的。

至于地球之外的外星人问题，我们现在能想象的高级生命最好是在和地球相似的行星上找。我们的银河系范围大约在 10 万光年，含数以千亿计的恒星。如果我们设想若干万个恒星中有一个带有一颗与地球相似的行星，而上万个这样的行星中有一个存在着高度文明的生命，这种假设应当说不算离奇！不过所有的恒星离我们都很远，最近的也有 4 光年，要想和它们周围的行星上的智慧生物沟通是很困难的。假设我们向一颗离我们 1000 光年的行星发一封电报，电报的往返就要 2000 年！如果从那边派一个飞行物到地球访问我们，即使用 5 倍光速的推进器也需要 2000 年才能到达。何况从那边看我们是我们这里 1000 年前的情况，只不过是无数个极暗的天体中的一个。

问：报纸上常常说哪儿又发现了什么不明飞行物之类的东西，你是怎样看待这些事件的？

王绶琯：这些东西人们看到了我都可以肯定。但是方才说过，说它们是从外星来是不可能的，我个人甚至不主张把这种设想放进科幻小说里边，提得太多了往往会误导人们以为真的有这样的东西。我觉得给它们这个"不明飞行物"的名字起得非常好，"不明飞行物"完全可以存在，因为"不明"，就应当研究，研究出来了再下结论。过去有的"不明飞行物"其实是气球之类常见的东西。我们鼓励大家在看到这样的东西的时候尽量把它记录下来，然后来研究到底是什么。

问：人类的登月计划的实现起到了什么作用？

王绶琯：很早以前人类就有这样的愿望，幻想能登上月球看一看。美国"阿波罗"登月实现以后，人类第一次到月球上走了走，并采了一些样本回来。下一步的计划当是较大规模地在月球上逗留。我想，既然现在科学技术把人送到太空去生活个一两百天都可以，那我们也可以想象将来能在月球上搭一个大舱，去那儿工作。当然，说到更远一些，还可以到那里度长假，休息几天。目前的登月计划主要是做科学探索，你要是等到几百年以后，可能就会变成经常去月球旅游了。去年一项研究认为月球上有可能有大量的水，这是很关键的，解决了水的问题，人类在月球上的生活是可以想象的。我们国家也在进行非常认真的研究，也有一个非常扎实的研究队伍在做努力。

问：世界上的登月计划进行到哪一步了？

王绶琯：世界上到目前为止已经实现过在月球上的着陆。现在难的是做成一些大项目，比如需要搬家什么的，成本非常高昂。如果想在月亮上做一个天文观测台，放一个大的望远镜上去就得去一次，如果这个天文台需要放五架望远镜的话就得上去 5 次，没有巨大的投资是做不成的。每个国家都可以有登月球计划，做各种研究。当然这也表现了一个国家航天技术上的水平。

"和平"号空间站

"和平"号空间站是前苏联的第 3 代空间站，亦为世界上第一个长久性空间站，站上长期有人工作。"和平"号空间站的轨道倾角为 51.6 度，轨道高度 300～400 千米。自发射后除 3 次短期无人外，站上一直有航天员生活和工作。

"和平"号空间站原设计寿命 5 年，到 1999 年它已在轨工作了 12 年多，除俄罗斯的航天员外，还接待了其他国家和组织的航天员，他们在"和平"

号空间站上取得了丰硕的研究成果。但由于"和平"号设备老化，加之前苏联资金匮乏，从 1999 年 8 月 28 日起，和平号进入无人自动飞行状态，准备最终坠入大气层焚毁，完成其历史使命。

月球基地的交通运输工具

建设月球基地时，人员在月面的流动和物质的运送工作将是大量的，例如：需要把来自地球的物资从月球着陆场运送到月球基地，或是将月面开采的矿物运送到月球加工厂；还需要到采矿点维修设备，外出查看天文观测仪器，进行远距离采样活动；对发生事故的航天员进行营救活动，或是将准备离开月球的航天员送往月球发射场等。

如何解决月面上大量的人员和物质运送呢？专家们提出了各种月面交通工具的设想。

月球车

开放式月球车想象图

月球车有开放式和加压式两种。开放式载人月球车很像我们熟悉的电瓶车，其驾驶舱是敞开的，乘坐时需要穿月球航天服，由人员驾驶，其结构简单，制作容易。

其是一种密封式、舱内加压的电动月球车。月球车内装备了环境控制和生命保障系统，提供氧气、水、食物以及二氧化碳处理和保持温度、湿度的设备。就像是一个能移动的小型居住舱。加压式月球车还设有一个供航天员出入的气闸舱，与开放式月球车相比，其行驶距离更远，工作时间更长。

月面火箭

月面火箭是可以在两个发射点之间飞行的载人运输工具，当航天员从月球表面一点到遥远的另外一点时，可以使用这种快捷的交通工具。由于月球重力只有地球重力的1/6，火箭起飞比在地球上容易得多，消耗燃料也少。

多用途运输工具

多用途运输工具既是运输车，也是具有某种功能的月球机器人。这类运输工具由月面航天员遥控，有轮式运输车、履带式牵引车等，它们主要承担月面运输任务。如果需要还可以增加附加设备，扩大功能，如增加铲子可以作为铲车，增加挖掘设备可以开挖基坑，还可以增加移走岩石的绞盘，切割月岩的装置等完成多种任务，它们在月球基地建设中将发挥重要作用。

月球缆车

还有一些科学家提出用月球缆车、月球铁路等交通工具来承担月面运输任务。月球缆车是在月面特定地区使用的一种运输工具，缆车安装的轮子沿固定的索道滑行，在固定的月面两地点间往返运行。

世界上第一台无人驾驶的月球车

无人驾驶月球车由轮式底盘和仪器舱组成，用太阳能电池和蓄电池联合供电。这类月球车的行驶是靠地面遥控指令。

1970年11月17日，前苏联发射的"月球17"号探测器把世界上第一台无人驾驶的月球车——"月球车1"号送上月球。此车约重1.8吨，在月面上行驶了10.5千米，考察了8万平方米的月面。此后前苏联送上月球的"月球车2"号行驶了37千米，并向地球发回了88幅月面全景图。

飞向月球的火箭和飞船

FEIXIANG YUEQIU DE HUOJIAN HE FEICHUAN

　　人类飞向月球的梦想实现，首先依赖的就是飞向月球的工具：火箭与飞船。前者将地球对人类的引力束缚在宇宙速度下远远抛开，进入太空、奔向月球，后者搭载宇航员并给宇航员提供一个良好的科学实验和生活环境以使宇航员能够飞向月球、靠近月球、登陆月球。可以说如果没有凝聚现代科学技术结晶的火箭和飞船，人类飞向月球的梦想始终只能是一个美好的梦想。

　　从世界最早的"东方"号系列运载火箭肇始到现在正在研制的战神系列火箭，从"联盟"系列飞船到"快船"飞船。人类飞向月球的能力越来越强，各种以火箭和飞船等太空技术的应用也越来越成熟。曾几何时，登月只是一个人类遥不可及的梦，如今太空商业观光甚至绕月飞行都以付诸实施。可以预见，在不久的将来，人类凭借更先进的火箭和飞船能更便捷的登月，不但能从事各式科研与太空工业，普通人的登月旅行也将成为现实。

飞向月亮的火箭

火　箭

　　火箭起源于中国，是中国古代重大发明之一。古代中国火药的发明与使用，给火箭的问世创造了条件。现代火箭可用作快速远距离运送工具，如作为探空、发射人造卫星、载人飞船、空间站的运载工具，以及其他飞行器的助推器等。如用于投送作战用的战斗部（弹头），便构成火箭武器。火箭是目前（截至 2009 年）唯一能使物体达到宇宙速度，克服或摆脱地球引力，进入宇宙空间的运载工具。

火箭技术

　　火箭推进是一种精密的结构，它的原理主要是力学、热力学，以及其他有关科学之运用，诸如电学等。火箭跟一般的飞行器主要的不同点在于：通常的飞行器只能在大气层内飞翔，但是火箭可以在外层空间工作，因为它不需要利用外界空气便能够燃烧推进。

　　火箭推力的获得，乃由高速喷出物反作用而生成。其原理与花园中用橡皮管喷水时，橡皮管会向后退，以及枪向后座的原理一样。火箭的燃料经过燃烧室燃烧以后，会产生高温高压的气体，之后再经过一个喷嘴而加速，并排气到外界。这些气体便是推动火箭的原动力。

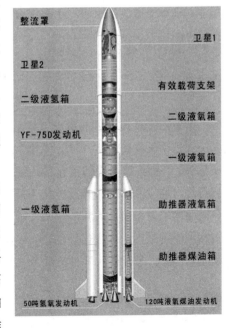

整流罩
卫星1
卫星2
有效载荷支架
二级液氢箱
二级液氧箱
YF-75D发动机
一级液氧箱
一级液氢箱
助推器液氧箱
助推器煤油箱
50吨氢氧发动机
120吨液氧煤油发动机

运载火箭结构图

现代火箭发动机

化学火箭发动机、固态火箭发动机、液态火箭发动机、混合式火箭发动机、电气火箭发动机、离子发动机。

未来火箭发动机

核火箭发动机、激光脉冲火箭发动机、反物质火箭发动机、星际（太空）气体冲压火箭发动机、核能火箭和激光脉冲式火箭，正在做样板实验，反物质火箭和星际气体冲压火箭更只在理论上探索。

火箭分类

火箭通常可分为固体与液体火箭，有控与无控火箭，单级与多级火箭，近程、中程与远程火箭等。火箭的种类虽然很多，但其组成部分及工作原理是基本相同的。除有效载荷外，有控火箭必不可少的组成部分有动力装置、制导系统和箭体。

火箭的构成

动力装置

是发动机及其推进剂供应系统的统称，是火箭赖以高速飞行的动力源。其中，发动机按其性质，可分为化学火箭发动机、核火箭发动机、电火箭发动机等。当前广泛使用的是化学火箭发动机，它是靠化学推进剂在燃烧室内进行化学反应释放出的能量转化为推力的。在发动机效率相同的情况下，单位时间内燃烧与喷射的物质越多，喷射速度越大，发动机推力就越大。在推力相同的情况下，结构重量越轻，单位时间内消耗推进剂越少，发动机性能就越高。推力与推进剂每秒消耗量之比称为比推力，它是鉴定发动机性能的主要指标。

制导系统

有了足够的推力，火箭便可克服地球引力而飞离地面。但对有控火箭而言，为保证在飞行过程中不致翻滚，而且准确地导向目标，还需有制导系统。该系统的功用是实时地控制火箭的飞行方向、高度、距离、速度以及飞行姿态等，亦即控制火箭的质心运动和绕质心的转动（俯仰、偏航与滚动），使火箭稳定而精确地飞抵目标。制导系统的日臻完善和精度的迅速提高，是现代火箭技术的一大特点。

箭　体

是火箭另一个不可缺少的组成部分，火箭的各个系统都安装其上，并容纳大量的推进剂。箭体结构除要求具有空气动力外形外，还要求在完成既定功能的前提下，重量越轻越好，体积越小越好。在起飞重量一定时，其结构重量轻，则可得到较大的飞行速度或距离。

除上述三大系统之外，还有电源系统，有时还根据需要在火箭上安装初始定位定向、安全控制、无线电遥测以及外弹道测量等附加系统。

运载火箭的技术指标包括运载能力、入轨精度、火箭对不同重量的有效载荷的适应能力和可靠性。

运载能力

指火箭能送入预定轨道的有效载荷重量。有效载荷的轨道种类较多，所需的能量也不同，因此在标明运载能力时要区别低轨道、太阳同步轨道、地球同步卫星过渡轨道、行星探测器轨道等几种情况。表示运载能力的另一种方法是给出火箭达到某一特征速度时的有效载荷重量。各种轨道与特征速度之间有一定的对应关系。例如把卫星送入 185 千米高度圆轨道所需要的特征速度为 7.8 千米/秒，1000 千米高度圆轨道需 8.3 千米/秒，地球同步卫星过渡轨道需 10.25 千米/秒，探测太阳系需 12 ~ 20 千米/秒。

飞行程序

运载火箭在专门的航天发射中心发射。火箭从地面起飞直到进入最终轨道要经过以下几个飞行阶段：

①大气层内飞行段：火箭从发射台垂直起飞，在离开地面以后的 10 几

秒钟内一直保持垂直飞行。在垂直飞行期间，火箭要进行自动方位瞄准，以保证火箭按规定的方位飞行。然后转入零攻角飞行段。火箭要在大气层内跨过声速，为减小空气动力和减轻结构重量，必须使火箭的攻角接近于零。

②等角速度程序飞行段：第二级火箭的飞行已经在稠密的大气层以外，整流罩在第二级火箭飞行段后期被抛掉。火箭按照最小能量的飞行程序，即以等角速度作低头飞行。达到停泊轨道高度和相应的轨道速度时，火箭即进入停泊轨道滑行。对于低轨道的航天器，火箭这时就已完成运送任务，航天器便与火箭分离。

③过渡轨道：对于高轨道或行星际任务，末级火箭在进入停泊轨道以后还要再次工作，使航天器加速到过渡轨道速度或逃逸速度，然后航天器与火箭分离。

火箭的设计特点

运载火箭的设计特点是通用性、经济性和不断进行小的改进。这和大型导弹不同。大型导弹是为满足军事需要而研制的，起支配作用的因素是保持技术性能和数量上的优势。因此导弹的更新换代较快，几乎每 5 年出一种新型号。运载火箭则要在商业竞争的环境中求发展。作为商品，它必须具有通用性，能适应各种卫星重量和尺寸的要求，能将有效载荷送入多种轨道。经济性也要好。也就是既要性能好，又要发射耗费少。订购运载火箭的用户通常要支付两笔费用。一笔是付给火箭制造商的发射费，另一笔是付给保险公司的保险费。发射费代表火箭的生产成本和研制费用，保险费则反映火箭的可靠性。火箭制造者一般都尽量采用成熟可靠的技术，并不断通过小风险的改进来提高火箭的性能。运载火箭不像导弹那样要定型和批生产。而是每发射一枚都可能引进一点新技术，作一点小改进，这种小改进不影响可靠性，也不必进行专门的飞行试验。这些小改进积累起来就有可能导致大的方案性变化，使运载能力能有成倍的增长。

火箭应用

20 世纪中叶以来，火箭技术得到了飞速发展和广泛应用，其中尤以各种可控火箭武器和空间运载火箭发展最为迅速。从火箭炮到反坦克、对付飞机和舰艇以及攻击固定目标的各类有控火箭武器，均已发展到相当完善的地步，反导弹、反卫星火箭武器也正在研制和完善之中。各类火箭武器正继续向高精度、反拦截、抗干扰和提高生存能力的方向发展。在地地导弹基础上发展起来的运载火箭，已广泛用于发射各种卫星、载人飞船和其他航天器。

在 80 年代初，苏、美两国已经分别研制出六七个系列的运载火箭。其中，美国载人登月的"土星 5"号火箭，直径 10 米，长 111 米，起飞重量约 2930 吨，低轨道运载能力为 127 吨，是当前世界上最大的火箭。运载火箭正朝着高可靠、低成本、多用途和多次使用的方向发展。航天飞机的问世就是这一发展趋势的一种体现。火箭技术的快速发展，不仅将提供更加完善的各类火箭武器，还将使建立空间工厂、空间基地以及星际航行等成为可能。

现代火箭鼻祖

V—2 火箭

V—2 工程开始于 1940 年。第二次世界大战期间，正是德国的 V—2 火箭曾给英国带来巨大灾难，当时又叫"飞弹"。V—2 工程起始于 A 系列火箭研究，由冯·布劳恩主持，是 1936 年后在佩内明德新建火箭研究中心的重点项目。A 系列火箭经过许多新的改进，性能大大提高。是世界上第一种实用的弹道导弹。"V"来源于德文 Vergeltung，意即报复手段，这是纳粹在遭到盟国集中轰炸后表示要进行报复的意思。V—1 和 V—2 表示这两种型号仅仅是整个系列的恐怖武器的先驱。

V—2 长 13.5 米，发射全重 13 吨，能把 1 吨重的弹头送到 322 千米以外的距离。火箭由液体火箭发动机推动，燃烧工质为液氧和甲醇。发射时火箭

冯·布劳恩

先垂直上升到 24~29 千米高，然后按照弹上陀螺仪的控制，在喷口燃气舵的作用下以 40 度的倾角弹道上升，也可由地面控制站向弹上接收机发射无线电指令控制。一分钟后，火箭已飞到 48 千米的高度，速度已达每小时 5796 千米。此时，无线电指令控制系统指令关闭发动机，火箭靠惯性继续上升到 97 千米的高度，然后以每小时大约 3542 千米的速度大致沿一抛物线自由下落，击中目标。由于当时制导系统的精度所限，误差较大。

V—2 工程的目标是扩大容积和承载重量，以容纳自控、导航系统和战斗部。1942 年 10 月 3 日，V—2 试验成功，年底定型投产。从投产到德国战败，前德国共制造了 6000 枚 V—2，其中 4300 枚用于袭击英国和荷兰。

1943 年初按盟国情报人员的情报，盟国发现这一计划，并由对佩内明德的空中侦查得到证实。1943 年 8 月 17 日夜，英国皇家空军对佩内明德进行了一次著名的大规模空袭，毁伤了 V—2 的地面设施。为预防重蹈 8 月 17 日灾难，纳粹将 V—2 工厂迁到德国山区的山洞工厂，这个过程耽误了预期的火箭攻势。

1944 年 6 月 13 日（诺曼底登陆后六天）V1 开始攻击伦敦，9 月份第一枚 V—2 落到伦敦。火箭攻击造成了严重的平民伤亡和财产损失。如果在 6 个月前对登陆部队集结地进行集中攻击而不是伦敦的话，即如艾森豪威尔将军所说，

V—2 火箭

盟国将遭到难以克服的困难。对伦敦的攻击都是在上午 7 至 9 时，中午 12 至 2 时，下午 6 至 7 时交通高峰期进行的，企图吓垮英国的民心士气。可是，对经过 1940 年空袭的英国人民，在全面胜利已如此接近时，这种新的恐怖算不了什么。在诺曼底前线的英国士兵更尽了最大努力用最快速度向威胁他们家庭的火箭发射地挺进。除了向伦敦发射外，在盟军 9 月 4 日占领安特卫普港后，纳粹向安特卫普港进行了大规模导弹攻击。

1945 年德国投降前夕，布劳恩和 400 余名火箭专家向美军投降，后到美国，成为美国火箭技术和空间技术的奠基人之一；前苏联也缴获了大量 V—2 的成品和部件，并俘虏了一些火箭专家，以此为起点，开始自己的火箭和空间计划。

V—2 是单级液体火箭，全长 14 米，重 13 吨，直径 165 米，最大射程 320 千米，射高 96 千米，弹头重 1 吨。V—2 采用较先进的程序和陀螺双重控制系统，推力方向由耐高温石墨舵片操纵执行。V—2 在工程技术上实现了宇航先驱的技术设想，对现代大型火箭的发展起了承上启下的作用。成为航天发展史上一个重要的里程碑。

前苏联的火箭

"东方"号系列火箭是世界上第一个航天运载火箭系列，包括"卫星"号、"月球"号、"东方"号、"上升"号、"闪电"号、"联盟"号、"进步"号等型号，后四种火箭又构成"联盟"号子系列火箭。

"东方"号运载火箭是对"月球"号火箭略加改进而构成的，主要是增加了一子级的推进剂质量和提高了二子级发动机的性能。这种火箭的中心是一个两级火箭，周围有四个长 19.8 米、直径 2.68 米的助推火箭。中心的两级火箭，一子级长 28.75 米，二子级长 2.98 米，呈圆筒形状。发射时，

"东方"号系列火箭

中心火箭发动机和四个助推火箭发动机同时
点火。大约两分钟后，助推火箭分离脱落，
主火箭继续工作两分钟后，也熄火脱落。接
着末级火箭点火工作，直到把有效载荷送入
绕地球的轨道。"东方"号火箭因发射"东
方"号宇宙飞船而得名，1961 年 4 月 12 日
把世界上第一位宇航员加加林送上地球轨道
飞行并安全返回地面。

"联盟"号火箭

"联盟"号火箭是"联盟"号子系列中
的两级型火箭，系通过挖掘"东方"号火箭
一子级的潜力和采用新的更大推力的二子级
研制而成。因发射联盟系列载人飞船而得
名。最长 49.52 米，起飞重量 310 吨，近地
轨道的运载能力约为 7.2 吨。

"能源"号运载火箭是前苏联的一种重型的通用运载火箭，也是目前世界
上起飞质量与推力最大的火箭。

"能源"号运载火箭的主要任务有：发射多次使用的轨道飞行器；向近地
空间发射大型飞行器、大型空间站的基本舱
或其他舱段、大型太阳能装置；向近地轨道
或地球同步轨道发射重型军用、民用卫星；
向月球、火星或深层空间发射大型有效载荷。

"能源"号运载火箭

"能源"号运载火箭长约 60 米，总重
2400 吨，起飞推力 3500 吨，能把 100 吨有
效载荷送上近地轨道。火箭分助推级和芯级
两级，助推级由四台液体助推器构成，每个
助推器长 32 米，直径 4 米；芯级长 60 米，
直径 8 米，由四台液体火箭发动机组成。发
射时，助推级和芯级同时点火，助推级四台
助推火箭工作完毕后，芯级将有效载荷加速

到亚轨道速度，在预定的轨道高度与有效载荷分离。尔后有效载荷靠自身发动机动力进入轨道。

"能源"号运载火箭成为前苏联运载火箭发展的一个新的里程碑。

"质子"号系列运载火箭是前苏联第一种非导弹衍生的、专为航天任务设计的大型运载器。在"能源"号重型火箭投入使用以前，该型号是前苏联运载能力最大的运载火箭。"质子"号系列共有三种型号：二级型、三级型和四级型。

二级型"质子"号共发射了三颗"质子"号卫星，此后便停止使用。火箭全长41

"质子"号系列运载火箭

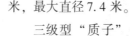

米，最大直径7.4米。

三级型"质子"号主要用于"礼炮"号、"和平"号等空间站的发射。火箭全长57米，最大直径7.4米。

四级型"质子"号主要用于发射各类大型星际探测器和地球同步轨道卫星。火箭全长57.2米，最大直径7.4米。

"天顶"号是前苏联的一种中型运载火箭，主要是用来发射轨道高度在1500千米以下的军用和民用卫星、经过改进的"联盟"号TM型载人飞船和"进步"号改进型货运飞船。"天顶"号2型是两级运载火箭，其一子级还被用作"能源"号火箭助推级的助推器。"天顶"号3型是三级运载火箭，它在二型的基础上，增加了一个远地点级，用于将有效载荷送入地球同步轨道、其他高轨道或星际飞行轨道。2型与3

"天顶"号运载火箭

型用的一子级和二子极是相同的。

"天顶"号是前苏联继"旋风"号后第二个利用全自动发射系统实施发射的运载火箭。在发射厂，火箭呈水平状态进行总装、测试、转运至发射台。所有发射操作，包括火箭离开总装测试厂房，由铁路转运至发射台、起竖、连接电路、气动与液压系统、测试、加注推进剂、点火等都是按照事先确定的程序自动进行的。

"天顶"号2型最大长度57米，最大直径3.9米。

"天顶"号3型最大长度61.4米，最大直径3.9米。

美国火箭

"宇宙神"运载火箭

"宇宙神"运载火箭

"宇宙神"系列火箭，由美国通用动力公司制造，已连续生产30多年。火箭长25.1米，直径3米，起飞重量120吨。目前经常使用的是"宇宙神—阿金纳D"号和"宇宙神—半人马座"号两种型号。前者重129吨，能把2吨重的有效载荷送入500千米高的地球轨道；后者重139吨，近地轨道的最大运载能力为4吨。它们除作为"月球"号和"火星"号星际探测器的运载工具外，曾用来发射过通信卫星和"水星"号载人飞船。自1959年以来，已发射500多次，是使用最广泛的一种运载工具。

"德尔塔"系列运载火箭

"德尔塔"系列火箭由美国科麦道公司研制生产，至今已发射180多次。"德尔塔"号三级火箭有两种型号，总长38.4米，起飞重量分别为220吨和230吨。一种的同步转移轨道运载能力为1.4吨，另一种的同步转移轨道运载能力为 1.8 吨。"德尔塔"火箭于 1960 年 5 月首次发射，它先后发射过先驱者号探测器，"泰罗斯"气象卫星，"云雨"号卫星，"辛康"号卫星，国际通信卫星 2，3 号等。

"大力神"系列运载火箭

"大力神"系列火箭由马丁·玛丽埃特公司研制生产，共有 6 种型号。"大力神 3"火箭长 45.75 米，直径 3 米，发射重量 680 吨。各型大力神火箭的有效载荷分别是：3A 为 3.6 吨，3B 为 4.5 吨，3C，3D，3D 和 3E 均为 15 吨。最大的"大力神 34D"长达 62 米，最大直径 5 米，发射地球同步转移轨道卫星的运载能力达 4.5 吨。"大力神"系列火箭至今已有 150 多次发射纪录。它主要发射各种军用卫星，也发射了"太阳神"号，"海盗"号，"旅行者"号等行星和行星际探测器。

"大力神"系列运载火箭

"土星"号登月火箭

1961 年 4 月 20 日，美国总统提出研制登月火箭的设想，并询问 60 年代能否把人送上月球。当时布劳恩斩钉截铁地回答："行！"于是，在布劳恩的主持下，开始实施土星巨型登月火箭研制计划。1964 年至 1967 年，相继研制成功"土星 1"，"土星 1B"，"土星 5"等几种型号。1964 年首先研制成功"土星 1"号两级火箭。火箭长 38.1 米，直径 5.58 米，发射重量 502 吨，近地轨道的有效载荷为 10.2 吨。它曾用来试验发射阿波罗飞船模型。

1966 年研制成功它的改进型"土星 1B"号两级火箭。火箭长 68.3 米，直径 6.6 米，发射重量 590 吨，最大有效载荷 18.1 吨。从 1966 年到 1975 年共发射 9 次，除作运载"阿波罗"飞船试验外，还 3 次将宇航员送上"天空

"土星5"号火箭

实验室"空间站和 1 次发射"阿波罗"载人飞船与前苏联的"联盟"号飞船对接联合飞行。

1967 年世界上最大的一种运载火箭"土星5"号问世。它是三级火箭，长 85.6 米，直径 10.1 米，起飞重量 2950 吨，近地轨道的有效载荷达 139 吨，飞往月球轨道的有效载荷为 47 吨。从 1967 年到 1973 年共发射 13 次，其中 6 次将"阿波罗"载人飞船送上月球，在航天史上写下了最为光辉的一页。

中国火箭

"长征2"号 F 运载火箭

"长征 2"号 F 火箭是在"长征 2"号 E 火箭的基础上，按照发射载人飞船的要求，以提高可靠性、确保安全性为目标研制的运载火箭。CZ—2F 是我国第 1 种为载人航天研制的高可靠性、安全性运载火箭，是载人航天工程的重要组成部分之一。它在 CZ—2E 基础上增加了 2 个新系统，即逃逸系统和故障检测处理系统。火箭全长 58.343 米，起飞质量 479.8 吨，芯级直径 3.35 米，助推器直径 2.25 米，整流罩最大直径 3.8 米。火箭的芯级和助推器发动机均使用四氧化二氮和偏二甲肼作为推进剂。它可把 8 吨重的有效载荷送入近地点高度 200 千米、远地点高度 350

"长征2"号运载火箭

千米、倾角 42.4 度 ~42.7 度的轨道。火箭由四个液体助推器、芯一级火箭、芯二级火箭、整流罩和逃逸塔组成，是目前我国所有运载火箭中起飞质量最大、长度最长的火箭。运载火箭有箭体结构、控制系统、动力装置、故障检测处理系统、逃逸系统、遥测系统、外测安全系统、推进剂利用系统、附加系统、地面设备等十个分系统，为兼顾卫星的发射，保留了有效载荷调姿定向系统的接口和安装位置。故障检测处理系统和逃逸系统是为确保航天员的安全而增加的，其作用是在飞船入轨前，监测运载火箭状态，若发生重大故障，使载有航天员的飞船安全地脱离危险区。"长征 2"号 F 运载火箭先后成功发射了"神舟 1"号至"神舟 7"号飞船，为我国成功实现载人航天飞行做出了历史性贡献，至今发射成功率为 100%。

"长征 3"号甲运载火箭

"长征 3"号甲运载火箭是目前"长征 3"号系列火箭的基础型号。"长征 3"号甲火箭是三级火箭，它继承了"长征 3"号火箭的成熟技术，采用了新设计的液氢液氧三子级。火箭全长 52.52 米，最大直径 3.35 米，起飞质量 240 吨，主要发射地球同步转移轨道的有效载荷，也可以发射低轨道、极轨道或逃逸轨道的有效载荷，首次将有效载荷送入地球同步转移轨道。其地球同步转移轨道的运载能力为 2.6 吨。自 1994 年 2 月 8 日首次发射成功以来，至今发射成功率为 100%。2007 年 6 月被中国航天科技集团公司授予"金牌火箭"称号。

"长征 3"号甲运载火箭

"长征 3"号乙运载火箭

"长征 3"号乙火箭是在"长征 3"号甲和"长征 2"号 E 火箭的基础上

研制的三级大型液体捆绑式运载火箭，其芯级与"长征3"号甲火箭基本相同，一子级壳体捆绑4个标准液体助推器。火箭全长54.84米，起飞质量426吨，主要发射地球同步转移轨道的重型卫星，亦可进行轻型卫星的一箭多星发射或发射其他轨道的卫星。其地球同步转移轨道的运载能力为5.1吨。

"长征4"号乙运载火箭

"长征4"号乙火箭是在"长征4"号甲火箭基础上发展的一种运载能力更大的运载火箭，主要用于发射太阳同步轨道卫星。火箭全长45.58米，最大直径3.35米，起飞质量249吨，起飞推力约300吨，900千米高度极轨的运载能力为1.45吨。1999年5月首次发射，至今发射成功率为100%。

"长征4"号丙运载火箭

"长征4"号丙火箭是在"长征4"号乙火箭的基础上，三级发动机采用二次启动技术，大幅提高了有效载荷的运

"长征4"号乙运载火箭

载能力。"长征4"号丙（CZ—4C）运载火箭是由中国航天科技集团公司第八研究院抓总研制的常温液体推进剂三级运载火箭，是在原"长征4"号乙（CZ—4B）运载火箭的基础上经大量技术状态改进设计而成，以全面提高火箭的任务适应性和测试发射可靠性为目标进行研制。CZ—4C火箭可以满足多种卫星在发射轨道、重量和包络空间等方面更高的要求，同时采取新的测发控模式，可以显著提高火箭测试和发射的可靠性，缩短发射场工作周期。首发改进型运载火箭于2006年4月27日在太原卫星发射中心成功发射，将我国首颗遥感卫星准确送入预定轨道，并实现了首发火箭发射场测试零故障，至今发射成功率为100%。

欧盟的火箭

"阿丽亚娜"火箭（Ariane，也译为阿里安），是1973年7月由法国提议并联合西欧11个国家成立的欧洲空间局着手实施、研制的火箭计划。至今已研制成功5种型号。分别是"阿丽亚娜–1"、"阿丽亚娜–2"、"阿丽亚娜–3"、"阿丽亚娜–4"和"阿丽亚娜–5"。

"阿丽亚娜"系列火箭的成功，是欧洲联合自强的一个象征，它在国际航天市场的角逐中占有重要地位，世界商业卫星的发射业务大约有50%由"阿丽亚娜"火箭承担。

"阿丽亚娜–1"火箭是欧洲空间局在"欧洲"号火箭和法国"钻石"号火箭基础上研制的三级液体火箭，自首次发射至1986年2月22日止，共飞行11次。"阿丽亚娜–1"火箭从法属圭亚那库鲁发射场发射，能将1.85吨的有效载荷送入地球同步转移轨道，或将2.5吨有效载荷送入轨道高度为790千米、倾角98.7度的太阳同步圆轨道。火箭长47.7米，直径3.8米，发射重量200吨。

"阿丽亚娜–4"是在"阿丽亚娜–3"的基础上研制成功的。主要目的在于提高运载能力；保持双星和多星发射能力；具有适应多种发射任务的形式；降低了发射成本。"阿丽亚娜–4"有六种型号，分别为AR40型，同步转移轨道运载能力为1.9吨；AR42P型，带有两个固体捆绑式助推火箭，有效载荷增加到2.6吨；AR44P型，带有四个固体捆绑式助推火箭，有效载荷为3吨；AR42L型，采用两个液体火箭助推火箭，有效载荷为3.2吨；AR44L型，采用四个液体助推火箭，同步转移轨道运载能力达4.2吨；AR44LP型，采用两个液体助

"阿丽亚娜"火箭

推火箭和两个固体捆绑式助推火箭，同步转移轨道运载能力为 3.7 吨。火箭长 57~59.8 米，直径约 9 米。

"阿丽亚娜 – 5"是根据商业发射市场和近地轨道开发利用的需要研制的，主要用于向地球同步轨道和太阳同步轨道发射各种卫星，向近地轨道发射哥伦布无人驾驶的自由飞行平台和"使神"号空间飞机。火箭长 52.76~54 米，最大直径 12.2 米。

库鲁发射场

法国巴黎时间 2011 年 4 月 22 日 23 时 37 分（北京时间 23 日 5 时 37 分），欧洲"阿丽亚娜 – 5"型火箭携带两颗通信卫星，从法属圭亚那库鲁航天发射中心发射升空。根据欧洲阿丽亚娜空间公司的电视直播，这枚火箭搭载的是阿联酋 Al Yah 卫星通信公司的 YahsatY1A 型通信卫星和国际通信卫星组织的新拂晓卫星。在升空约半小时后，两颗卫星将先后脱离火箭进入临时轨道。按计划，它们将最终进入地球同步轨道。

韦纳·冯·布劳恩

韦纳·冯·布劳恩。1912 年出生于德国。第二次世界大战期间，他就是德国著名的火箭专家，对 V—1 和 V—2 飞弹的诞生起了关键性作用。大战结束之际，布劳恩及其科研班子投降美国，1955 年他取得了美国国籍。布劳恩继续在美国从事火箭、导弹和航天研究，曾获得一系列勋章、奖章和荣誉头衔。1969 年，他领导研制的"土星"号巨型火箭，将第一艘载人飞船"阿波罗 11"号送上了月球。1981 年 4 月首次试飞成功的航天飞机，当初也是在布劳恩手里发端的。因此，他被称誉为"现代航天之父"。1977 年 6 月，布劳恩病逝于华盛顿亚历山大医院。

远去的航天飞机

美国的航天飞机

2011 年 7 月 8 日上午美国"亚特兰蒂斯"号航天飞机从佛罗里达肯尼迪航天中心成功发射升空。这将是美国 30 年历史的航天飞机项目中的第 135 次升空，也是美国所有航天飞机的最后一次飞行。

1969 年 4 月，美国宇航局提出建造一种可重复使用的航天运载工具的计划。1972 年 1 月，美国正式把研制航天飞机空间运输系统列入计划，确定了航天飞机的设计方案，即由可回收重复使用的固体火箭助推器，不回收的两个外挂燃料贮箱和可多次使用的轨道器三个部分组成。经过 5 年时间，1977 年 2 月研制出一架创业号航天飞机轨道器，由波音 747 飞机驮着进行了机载试验。1977 年 6 月 18 日，首次载人用飞机背上天空试飞，参加试飞的是宇航员海斯（C·F·Haise）和富勒顿（G·Fullerton）两人。8 月 12 日，载人在飞机上飞行试验圆满完成。又经过 4 年，第一架载人航天飞机终于出现在太空舞台，这是航天技术发展史上的又一个里程碑。

航天飞机是一种为穿越大气层和太空的界线（高度 100 千米的关门线）而设计的火箭动力飞机。它是一种有翼、可重复使用的航天器，由辅助的运载火箭发射脱离大气层，作

航天飞机

为往返于地球与外层空间的交通工具，航天飞机结合了飞机与航天器的性质，像有翅膀的太空船，外形像飞机。航天飞机的翼在回到地球时提供空气刹车作用，以及在降跑道时提供升力。航天飞机升入太空时跟其他单次使用的载具一样，是用火箭动力垂直升入。因为机翼的关系，航天飞机的酬载比例较低。设计者希望以重复使用性来弥补这个缺点。

航天飞机为人类自由进出太空提供了很好的工具，它大大降低航天活动的费用，是航天史上的一个重要里程碑。

航天飞机由轨道器、固体燃料助推火箭和外储箱三大部分组成。

外部燃料箱

外表为铁锈颜色，主要由前部液氧箱、后部液氢箱以及连接前后两箱的箱间段组成。外部燃料箱负责为航天飞机的 3 台主发动机提供燃料。外部燃料箱是航天飞机三大模块中唯一不能重复使用的部分，发射后约 8.5 分钟，燃料耗尽，外部燃料箱便被坠入到大洋中。

一对固体火箭助推器

这对火箭助推器中装有助推燃料，平行安装在外部燃料箱的两侧，为航天飞机垂直起飞和飞出大气层进入轨道，提供额外推力。在发射后的头两分钟内，与航天飞机的主发动机一同工作，到达一定高度后，与航天飞机分离，前锥段里降落伞系统启动，使其降落在大西洋上，可回收重复使用。

轨道器

即航天飞机本身，它是整个系统的核心部分。轨道器是整个系统中唯一可以载人的、真正在地球轨道上飞行的部件，它很像一架大型的三角翼飞机。它的全长 37.24 米，起落架放下时高 17.27 米；三角形后掠机翼的最大翼展 23.97 米；不带有效载荷时质量 68 吨，飞行结束后，携带有效载荷着陆的轨道器质量可达 87 吨。它所经历的飞行过程及其环境比现代飞机要恶劣得多，它既要有适于在大气层中作高超音速、超音速、亚音速和水平着陆的气动外形，又要有承受再入大气层时高温气动加热的防热系统。

因此，它是整个航天飞机系统中，设计最困难，结构最复杂，遇到的问题最多的部分。

轨道器由前、中、尾三段机身组成。前段结构可分为头锥和乘员舱两部分，头锥处于航天飞机的最前端，具有良好的气动外形和防热系统，前段的核心部分是处于正常气压下的乘员舱。这个乘员舱又可分为三层：最上层是驾驶台，有 4 个座位，中层是生活舱，下层是仪器设备舱。乘员舱为航天员提供宽敞的空间，航天员在舱内可穿普通地面服装工作和生活。一般情况下舱内可容纳 4~7 人，紧急情况下也可容纳 10 人。

航天飞机的中段主要是有效载荷舱。这是一个长 18 米，直径 4.5 米，容积 300 立方米的大型货舱，一次可携带质量达 29 吨多的有效载荷，舱内可以装载各种卫星、空间实验室、大型天文望远镜和各种深空探测器等。为了在轨道上施放所携带的有效载荷或回收轨道上运行的有效载荷，舱内设有一或两个自动操作的遥控机械手和电视装置。机械手是一根很细的长杆，在地面上它几乎不能承受自身的重量，但是在失重条件下的宇宙空间，却可以迅速而灵活地载卸 10 吨多的有效载荷。航天飞机中段机身除了提供货舱结构之外，也是前、后段机身的承载结构。

航天飞机的后段比较复杂，主要装有三台主发动机，尾段还装有两台轨道机动发动机和反作用控制系统。在主发动机熄火后，轨道机动发动机为航天飞机提供进入轨道、进行变轨机动和对接机动飞行以及返回时脱离轨道所需要的推力。反作用控制系统用来保持航天飞机的飞行稳定和姿态变换。除了动力装置系统之外，尾段还有升降副翼、襟翼、垂直尾翼、方向舵和减速板等气动控制部件。1981 年 4 月 12 日，在卡纳维拉尔角肯尼迪航天中心聚集着上百万人，参观第一架航天飞机哥伦比亚号航天飞机发射。宇航员翰·杨（John W. Young）和克里平（Robert L. Crippen）揭开了航天

"哥伦比亚"号航天飞机

黑人宇航员布鲁福德

史上新的一页。

这架航天飞机总长约 56 米，翼展约 24 米，起飞重量约 2040 吨，起飞总推力达 2800 吨，最大有效载荷 29.5 吨。它的核心部分轨道器长 37.2 米，大体上与一架 DC—9 客机的大小相仿。每次飞行最多可载 8 名宇航员，飞行时间 7 至 30 天，轨道器可重复使用 100 次。航天飞机集火箭，卫星和飞机的技术特点于一身，能像火箭那样垂直发射进入空间轨道，又能像卫星那样在太空轨道飞行，还能像飞机那样再入大气层滑翔着陆，是一种新型的多功能航天飞行器。

美国航天飞机创造了许多航天新纪录。航天飞机首航指令长约翰·杨 6 次飞上太空，是当时世界上参加航天次数最多的宇航员。1983 年 6 月 18 日女宇航员莎丽·赖德（Sally K. Ride）乘"挑战者"号上天飞行，名列美国妇女航天的榜首。1983 年 8 月 30 日，"挑战者"号把美国第一个黑人宇航员布鲁福德（Guion S. Bluford）送上太空飞行。1984 年 2 月 3 日乘"挑战者"号上天的麦坎德利斯（B. McCandless），成为世界上第一位不系安全带到太空行走的宇航员。1984 年 4 月 6 日"挑战者"号上天后，宇航员首次抓获和修理轨道上的卫星成功。1984 年 10 月 5 日参加"挑战者"号飞行的莎丽文（Kathryn D. Sullivan）成为美国第一位到太空行走的女宇航员。1985 年 1 月 24 日发现号升空，首次执行秘密的军事任务。1985 年 4 月 29 日，第一位华裔宇航

"亚特兰蒂斯"号航天飞机

员王赣骏（Tayler Wang）乘"挑战者"号上天参加科学实验活动。1985 年 11 月 26 日，"亚特兰蒂斯"号载宇航员上天第一次进行搭载空间站试验。1992 年 5 月 7 日"奋进"号首次飞行，宇航员在太空第一次用手工操作抢救回收卫星成功。7 月 31 日"亚特兰蒂斯"号上天，首次进行绳系卫星发电试验。9 月 12 日"奋进"号将第一位黑人女宇航员，第一位日本记者和第一对宇航员夫妇载入太空飞行。

2011 年 7 月 21 日美国"亚特兰蒂斯"号航天飞机于美国东部时间 21 日晨 5 时 57 分（北京时间 21 日 17 时 57 分）在佛罗里达州肯尼迪航天中心安全着陆，结束其"谢幕之旅"，这寓意着美国 30 年航天飞机时代宣告终结。

夭折的苏、俄航天飞机

1988 年 11 月 16 日莫斯科时间清晨 6 时整，前苏联的"暴风雪"号航天飞机从拜科努尔航天中心首次发射升空，47 分钟后进入距地面 250 千米的圆形轨道。它绕地球飞行两圈，在太空遨游 3 小时后，按预定计划于 9 时 25 分安全返航，准确降落在离发射地点 12 千米外的混凝土跑道上，完成了一次无人驾驶的试验飞行。

"暴风雪"号航天飞机大小与普通大型客机相差无几，外形同美国航天飞机极其相仿，机翼呈三角形。机长 36 米，高 16 米，翼展 24 米，机身直径 5.6 米，起飞重量 105 吨，返回后着陆重量为 82 吨。它有一个长 18.3 米，直径 4.7 米的大型货舱，能将 30 吨货物送上近地轨道，将 20 吨货物运回地面。头部有一容积 70 立方米的乘员座舱，可乘 10 人。科学家们认为，这次完全靠地面控制

"暴风雪"号航天飞机

中心遥控机上的电脑系统，在无人驾驶的条件下自动返航并准确降落在狭长跑道上，其难度比1981年美国航天飞机有人驾驶试飞大得多。首先，"暴风雪"号的主发动机不是装在航天飞机尾部，而是安装在"能源"号火箭上，这样就大大减轻了航天飞机的入轨重量，同时腾出位置安装小型机动飞行发动机和减速制动伞。其次，"暴风雪"号着陆时，可用尾部的小型发动机做有动力的机动飞行，安全准确地降落在狭长跑道上，万一着陆失败，还可以将航天飞机升起来进行第二次着陆，从而提高了可靠性。而美国航天飞机靠无动力滑翔着陆只能一次成功。第三，"暴风雪"号能像普通飞机那样借助副翼，操纵舵和空气制动器来控制在大气层内滑行，还准备有减速制动伞，在降落滑跑过程中当速度减慢到50千米/小时自动弹出，使航天飞机在较短距离内停下来。"暴风雪"号首航成功，标志着前苏联航天活动跨入一个新的阶段，为建立更加完善的天地往返运输系统铺平了道路。原计划一年后进行载人飞行，但由于机上系统的安全可靠尚未得到充分保证，加之其后政治和经济等方面的原因，载人飞行的时间便推迟了。

欧洲国家的航天飞机计划

在其他国家也存在着航天飞机的计划，英国曾经设计一种航天飞机，其外形很独特，外形和一枚运载火箭一样大小，英国人取名为"霍托"，是无人驾驶的航天飞机，用于运输。它既能垂直发射，也能使用当时和法国联合研制的协和超音速飞机的跑道起飞。而另外法国人也构想过一种小型的航天飞机其外形和美国的航天飞机外形一样只不过外形比美国的航天飞机更小，只有一对小型引擎，由法国研制的"阿尔丽娜"型火箭发射。

 知识点

"挑战者"号升空爆炸

1986年1月28日，美国东部时间当日上午11时39分12秒，美国佛罗里达州卡纳维拉尔角的肯尼迪航空中心10英里上空，在"轰"的一声巨响之

后，"挑战者"号航天飞机凌空爆炸。

美国"挑战者"号航天飞机在第 10 次发射升空后，因助推火箭发生事故凌空爆炸，舱内 7 名宇航员（包括一名女教师）全部遇难。直接造成经济损失 12 亿美元，航天飞机停飞近 3 年，成为人类航天史上最严重的一次载人航天事故，使全世界对征服太空的艰巨性有了一个明确的认识。

遇难宇航员为斯科比、史密斯、麦克奈尔、杰维斯、鬼冢（夏威夷出生，日裔）、朱迪恩·雷斯尼克（女）、麦考利芙（女教师）。

飞 船

飞船是一种运送航天员、货物到达太空并安全返回的一次性使用的航天器。它能基本保证航天员在太空短期生活并进行一定的工作。它的运行时间一般是几天到半个月，一般乘 2 到 3 名航天员。

飞船的分类

单舱型

其中单舱式最为简单，只有宇航员的座舱，美国第一个宇航员格伦就是乘单舱型的"水星"号飞船上天的；

双舱型

双舱型飞船是由座舱和提供动力、电源、氧气和水的服务舱组成，它改善了宇航员的工作和生活环境，世界第一个男女宇航员乘坐的前苏联"东方"号飞船、世界第一个出舱宇航员乘坐的前苏联"上升"号飞船以及美国的"双子星座"号飞船均属于双舱型；

三舱型

最复杂的就是三舱型飞船，它是在双舱型飞船基础上或增加 1 个轨道舱

（卫星或飞船），用于增加活动空间、进行科学实验等，或增加 1 个登月舱（登月式飞船），用于在月面着陆或离开月面，中国的"神舟"号飞船，前苏联/俄罗斯的联盟系列和美国"阿波罗"号飞船是典型的三舱型。联盟系列飞船至今还在使用。

"东方"号宇宙飞船

"东方"号宇宙飞船

"东方 1"号宇宙飞船，所属国家为前苏联，它由乘员舱和设备舱及末级火箭组成，总重 6.17吨，长 7.35 米。乘员舱呈球形，直径 2.3 米，重 2.4 吨，外侧覆盖有耐高温材料，能承受再入大气层时因摩擦产生的摄氏 5000 摄氏度左右的高温。乘员舱只能载一人，有三个舱口，一个是宇航员出入舱口，另一个是与设备舱连接的舱口，再一个是返回时乘降落伞的舱口，宇航员可通过舷窗观察或拍摄舱外情景。宇航员的座椅装有弹射装置，在发生意外事故时可紧急弹出脱险。同时在飞船下降到距离地面 7000 米的地方，宇航员连同座椅一起弹出舱外，并张开降落伞下降，在达到 4000 米高度时，宇航员与座椅分离，只身乘降落伞返回地面。设备舱为顶锥圆筒形，长 2.25 米，重 2.27 吨，在飞船返回大气层之前，与乘员分离，弃留太空成为无用之物。"东方 1"号宇宙飞船打开了人类通往太空的道路。

"进步"号货运飞船

"进步"号系列货运飞船执行向空间站定期补给食品、货物、燃料和仪器设备等任务。到 1993 年底，已发展两代，共发射"进步"号 42 艘，"进步M"号 20 艘。它与空间站对接完成装卸任务后即自行进入大气层烧毁。这种飞船由仪器舱、燃料舱和货舱组成，货舱容积 6.6 立方米，可运送 1.3 吨货物，燃料舱带 1 吨燃料。它可自行飞行 4 天，与空间站对接飞行可达两个月。

"上升"号宇宙飞船

"上升"号宇宙飞船，所属国家为前苏联，重 5.32 吨，球形乘员舱直径与"东方"号飞船大体相同，改进之处是提高了舱体的密封性和可靠性。宇航员在座舱内可以不穿宇航服，返回时不再采用弹射方式，而是随乘员舱一起软着陆。"上升 1"号载三名宇航员，在太空飞行 24 小时 17 分钟；"上升2"号载两名宇航员，在太空飞行 26 小时 2 分钟。

"联盟"号宇宙飞船

"联盟"号飞船，所属国家为前苏联、俄罗斯，它由轨道舱、指令舱和设备舱三部

"上升"号飞船

分组成，总重量约 6.5 吨，全长约 7 米，宇航员在轨道舱中工作和生活；设备舱呈圆柱形，长 2.3 米，直径 2.3 米，重约 2.6 吨，装有遥测、通信、能源、温控等设备；指令舱呈钟形，底部直径 3 米，长约 2.3 米，重约 2.8 吨。飞船在返回大气层之前，将轨道舱和设备舱抛掉，指令舱装载着宇航员返回地面。从联盟 10 号飞船开始，前苏联的宇宙飞船转到与空间站对接载人飞行，把载人航天活动推向了更高的阶段。

除前苏联和俄罗斯的三种飞船外，美国曾研制和发射过三个型号的飞船，分别是"水星"号，"双子星座"号和大名鼎鼎的"阿波罗"号。其中

运输中的"联盟"号宇宙飞船

"水星"号飞船是美国的第一种载人宇宙飞船,"阿波罗"是登月飞船。另外中国研制并发射的"神舟"系列飞船,已成为世界上第七种载人宇宙飞船。

"水星"号载人飞船

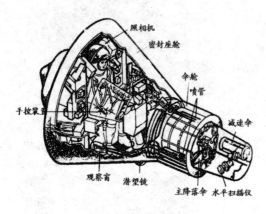

"水星"号飞船结构图

"水星"飞船是美国的第一代载人飞船,总共进行了 25 次飞行试验,其中 6 次是载人飞行试验。"水星"飞船计划始于 1958 年 10 月,结束于 1963 年 5 月,历时 4 年 8 个月。"水星"计划共耗资 3.926 亿美元,其中飞船为 1.353 亿美元,占总费用的 34.5%;运载火箭为 0.829 亿美元,占总费用的 21.1%;地面跟踪网为 0.719% 亿美元,占 18.34%;运行和回收操作费用为 0.493 亿美元,占 12.6%;其他设施为 0.532 亿美元,占 13.46%。

"水星"计划的主要目的是实现载人空间飞行的突破,把载一名航天员的飞船送入地球轨道,飞行几圈后安全返回地面,并考察失重环境对人体的影响、人在失重环境中的工作能力。重点是解决飞船的再入气动力学、热动力学和人为差错对以往从未遇到过的高加速度和零重力的影响等问题。

"水星"飞船总长约 2.9 米,底部最大直径 1.86 米,重约 1.3~1.8 吨,由圆台形座舱和圆柱形伞舱组成。座舱内只能坐一名航天员,设计最长飞行时间为 2 天,飞行时间最长的一次为 34 小时 20 分,绕地 22 周(1963 年 5 月 15 日~16 日"水星-9"飞船飞行)。"水星"计划的 6 次载人飞行共历时 54 小时 25 分钟。

"水星"飞船的姿态控制系统以自控为主,另有两种手控方式作为备份。航天员仅在必要时使用手控装置控制飞船的飞行姿态,在飞船操纵方面仅起到辅助作用,基本上是一名供地面研究人员了解人对空间飞行环境适应能力的受试验者。但在飞行中也表现出了人的主观能动性。

"神舟"号飞船

"神舟 1"号飞船是中华人民共和国载人航天计划中发射的第一艘无人实验飞船，飞船于 1999 年 11 月 20 日凌晨 6 点在酒泉航天发射场发射升空，承担发射任务的是在"长征 2"号捆绑式火箭的基础上改进研制的"长征 2"号 F 载人航天火箭。在发射点火十分钟后，船箭分离，并准确进入预定轨道。

飞船入轨后，地面的各测控中心和分布在太平洋、印度洋上的测量船对飞船进行了跟踪测控，同地，还对飞船内的生命保障系统、姿态控制系统等进行了测试。

北京时间 11 月 21 日凌晨 3 时，地面指挥中心向飞船发出返回指令，"神舟 1"号飞船于北京时间 1999 年 11 月 21 日 15 点 41 分顺利降落在内蒙古中部地区的着陆场。飞船在太空中共飞行了 21 个小时。

"神舟 2"号飞船是中国发射的第二艘实验飞船，它也是中国第一艘正样无人航天飞船，飞船的技术状态与载人飞船基本一致，由推进舱、返回舱、轨道舱三部分组成。

"神舟 2"号飞船于北京时间 2001 年 1 月 10 日 1 时零分在酒泉航天发射中心发射升空，顺利进入预定轨道。

"神舟 2"号飞船飞行期间，各种试验仪器设备性能稳定，工作正常，采集了大量宝贵的飞行试验数据。此时飞行，还首次在飞船上进行了微重力环境下的空间生命科学、空间材料、空间天文和物理等多领域的科学实验。

1 月 16 日 19 时 22 分，"神舟 2"号飞船在内蒙古中部的主着陆场成功着陆。飞船在太空中运行了近 7 天，绕地球飞行了 108 圈。

"神舟"号飞船

"神舟 3"号是中国发射的第三艘无人实验飞船，这也是一艘正样无人飞船，飞船上除了没搭载航天员之外，其技术状态与载人状态完全一致。飞船由推进舱、返回舱和轨道舱组成。飞船是在北京时间 2002 年 3 月 25 日 22 时 15 分，在酒泉卫星发射中心成功发射升空的。飞船上搭载了一个模拟宇航员，该装置可以模拟人体代谢、模拟人生理信号、能够定量模拟航天员在太空中的重要生理活动参数。此外，"神舟 3"号上还搭载有多个实验装置以及植物的种子等。

2002 年 4 月 1 日，"神舟 3"号飞船在太空绕地球飞行 108 圈后，准确降落在内蒙古中部的着陆场。

"神舟 4"号载人飞船是中国神舟号飞船系列之一，是中国第三艘正样无人飞船，除了没有搭载人以外，其技术状态与载人飞船完全一样。飞船由推进舱、返回舱、轨道舱和附加段组成。总长约 7.4 米，最大直径 2.8 米，总质量 7794 千克。

"神舟 4"号飞船于 2002 年 12 月 30 日凌晨在酒泉航天发射场发射升空，飞船按照预定计划在太空飞行了 6 天零 18 小时，飞船在环绕地球飞行了 108 圈后，于北京时间 2003 年 1 月 5 日 19 时 16 分，准确降落在内蒙古中部地区的着陆场。

"神舟 4"号飞船是在前三艘飞船的基础上，进一步改进和完善，并完全按照载人航天的安求进行设计制造，飞船的返回舱内增加了两个座椅，坐着两个模拟航天员，宇航员工作、生活、医护所需物品，包括睡袋、压力服、太空食品，以及着陆后遇到意外情况所需的各种救生物品一应俱全。

此外，"神舟 4"号飞船在太空中进行发实施了展开太阳能帆板、调姿等一系动作，还成成功地实施了变轨。同时，生命保障分系统、飞船环境控制分系统、载人航天应用分系统、航天员分系统都全面进行了试验。此外，"神舟 4"号飞船还有多项实验项目，共有 8 项科学研究在飞船上展开，有 55 件配载物。

"神舟 5"号载人飞船，是中国"神舟"号飞船系列之一，为中国首次发射的载人航天飞行器，将航天员杨利伟送入太空。这次的成功发射标志着中国成为继俄罗斯以及美国之后，第三个有能力独自将人送上太空的国家。

"神舟6"号载人飞船，是中国神舟号飞船系列之一。"神舟6"号与"神舟5"号在外形上没有差别，仍为推进舱、返回舱、轨道舱的三舱结构，重量基本保持在8吨左右，用"长征2"号F型运载火箭进行发射。它是中国第二艘搭载太空人的飞船，也是中国第一艘执行"多人多天"任务的载人飞船。

"神舟7"号载人飞船于2008年9月25日21点10分04秒988毫秒从中国酒泉卫星发射中心载人航天发射场用"长征2"号F火箭发射升空。"神舟7"号载人飞船是中国"神舟"号飞船系列之一，用"长征2"号F火箭发射升空。是中国第三个载人航天飞船。突破和掌握出舱活动相关技术。"神舟7"号载人飞船科研单位是中国航天科技集团公司所属中国空间技术研究院和上海航天技术研究院。"长征2"号F型运载火箭科研单位是中国航天科技集团公司所属中国运载火箭技术研究院。

"神舟7"号飞船由轨道舱、返回舱和推进舱构成，"神舟7"号飞船全长9.19米，由轨道舱、返回舱和推进舱构成。"神7"载人飞船重达12吨。"长征2F"运载火箭和逃逸塔组合体整体高达58.3米。

轨道舱——作为航天员的工作和生活舱，以及用于出舱时的气闸舱。配有泄复压控制、舱外航天服支持等功能。内部有航天员生活设施。轨道舱顶部装配有一颗伴飞小卫星和5个复压气瓶。无留轨功能。

返回舱——用于航天员返回地球的舱段，与轨道舱相连。装有用以降落的降落伞和反推力火箭，施行软着陆。

推进舱——装有推进系统，以及一部分的电源、环境控制和通讯系统，装有一对太阳能电池板。

"神舟7"号轨道舱与返回舱

"阿波罗"飞船

美国的"阿波罗"计划是人类第一次登上月球的伟大工程，始于1961年

5 月，结束于 1972 年 12 月，历时 11 年 7 个月。"阿波罗"计划的目的是把人送上月球，实现人对月球的实地考察，并为载人行星探险做技术准备。

"阿波罗"号飞船由指挥舱、服务舱和登月舱三个部分组成。

"阿波罗"指挥舱

指挥舱

宇航员在飞行中生活和工作的座舱，也是全飞船的控制中心。指挥舱为圆锥形，高 3.2 米，重约 6 吨。指挥舱分前舱、宇航员舱和后舱 3 部分。前舱内放置着陆部件、回收设备和姿态控制发动机等。宇航员舱为密封舱，存有供宇航员生活 14 天的必需品和救生设备。后舱内装有 10 台姿态控制发动机，各种仪器和贮箱，还有姿态控制、制导导航系统以及船载计算机和无线电分系统等。

服务舱

前端与指挥舱对接，后端有推进系统主发动机喷管。舱体为圆筒形，高 6.7 米，直径 4 米，重约 25 吨。主发动机用于轨道转移和变轨机动。姿态控制系统由 16 台火箭发动机组成，它们还用于飞船与第三级火箭分离、登月舱与指挥舱对接和指挥舱与服务舱分离等。

"阿波罗"登月舱

登月舱

由下降级和上升级组成，地面起飞时重14.7吨，宽4.3米，最大高度约7米。

①下降级：由着陆发动机、4条着陆腿和4个仪器舱组成。

②上升级：为登月舱主体。宇航员完成月面活动后驾驶上升级返回环月轨道与指挥舱会合。上升级由宇航员座舱、返回发动机、推进剂贮箱、仪器舱和控制系统组成。宇航员座；舱可容纳2名宇航员（但无座椅），有导航、控制、通信、生命保障和电源等设备。

"阿波罗11"号

"阿波罗11"号（Apollo 11）承担了美国国家航空航天局（National Aeronautics and Space Administration，NASA）的"阿波罗"计划（Project Apollo）中的第五次载人任务。这是人类第一次登月任务，三位执行此任务的宇航员分别为指令长阿姆斯特朗（Neil Armstrong）、指令舱驾驶员迈克尔·科林斯（Michael Collins）与登月舱驾驶员巴兹·奥尔德林（Buzz Aldrin）。1969年7月20日，阿姆斯特朗与奥尔德林成为了首次踏上月球的人类。

"双子星座"飞船

美国载人飞船系列。从1965年3月到1966年11月共进行10次载人飞行。主要目的是在轨道上进行机动飞行、交会、对接和航天员试作舱外活动等。为"阿波罗"号飞船载人登月飞行作技术准备（见"阿波罗"工程）。"双子星座"号飞船重约3.2～3.8吨，最大直径3米，由座舱和设备舱两个舱段组成。座舱分为密封和非密封两部分。密封舱内安装显示仪表、控制设备、废物处理装置和供两

"双子星座"飞船

名航天员乘坐的两把弹射座椅，还带有食物和水。无线电设备、生命保障系统和降落伞等安装在非密封舱内。座舱前端还有交会用的雷达和对接装置，座舱底部覆盖再入防热材料。设备舱分上舱和下舱。上舱中主要安装 4 台制动发动机。下舱中有轨道机动发动机及其燃料、轨道通信设备、燃料电池等。设备舱内壁还有许多流动冷却液的管子，因此设备舱又是个空间热辐射器。飞船在返回以前先抛弃设备舱下舱，然后点燃 4 台制动火箭，再抛掉设备舱上舱，座舱再入大气层，下降到低空时打开降落伞，航天员与座舱一起在海面上溅落。

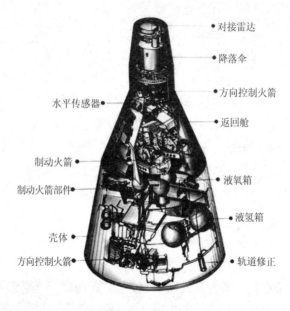

"双子星座"飞船内部结构

日本太空货运飞船

日本标准时间 11 日凌晨 2 时 01 分（北京时间 1 时 01 分）从种子岛宇宙中心升空的空间站转运飞行器是日本首款太空货运飞船，它将承担起为国际空间站运送实验设备、食品等补给物资的重任。

该空间站转运飞行器呈圆筒状，全长约 10 米，最大直径约 4.4 米，能装载约 6 吨货物，发射时的质量约 16.5 吨，与运载火箭分离后能自主飞行直到空间站；补给物资后，能从空间站脱离，在冲入地球大气层时燃烧殆尽。该空间站转运飞行器由加压货舱、非加压货舱、暴露集装架、电子模块和推进模块组成，还搭载有通信系统、天线和反射板等设备。加压货舱主要运载国际空间站内部用补给物资，包括实验台、饮用水和衣物等，当空间站转运飞行器处于和空间站对接状态时，

空间站转运飞行器

宇航员们能够进入加压货舱作业。暴露集装架收藏于非加压货舱内，是运送国际空间站外部实验装置和电池的货架。作为国际空间站补给物资的运输工具，除日本的空间站转运飞行器外，还有俄罗斯的"进步"飞船、欧洲的自动货运飞船（ATV）等，但是同时运载空间站内部和外部用物资，则是日本的空间站转运飞行器的特长之一。"空间站转运飞行器1"号飞行任务预定持续约36天，主要为空间站送去7个实验台、"希望"号实验舱保管室所需的1个保管台、空间站外部实验装置等共约4.5吨物资。本次飞行任务的目的是检验空间站转运飞行器脱离运载火箭后向国际空间站靠拢的交会飞行技术，飞行器的安全化技术、控制技术，验证推进系统的构成以及与空间站对接状态下宇航员可进入货舱的载人对应设计等。

欧洲"ATV"自动货运飞船

欧洲航天局制造的"ATV"自动货运飞船运货能力接近8吨，大于俄罗斯的"进步"货运飞船。"ATV"飞船除了向国际空间站运送货物外，还可用作太空拖船，在必要时帮助国际空间站提升轨道。"ATV"飞船的一大特点是具有先进的高精度导航能力，可在较少地面控制的情况下自动与国际空间站对接。

太空货运飞船的研发对于欧洲计划具有重要意义，由此欧洲将加入国际

空间站任务。如果欧洲能够一年交付6吨补给，其宇航员就可在空间站停留6个月。"ATV"的自动交会和对接技术使其有独特的方法与空间站衔接，并无需人员操控。该飞行器的能力将能够满足在月球、火星和其他太阳系目标的许多探索任务。

"ATV"自动货运飞船

未来服役的飞船

俄罗斯"快船"号

依靠乌克兰"天顶"号火箭发射"快船"号的建议，与俄罗斯将所有航天和国防项目的分承包合同从前苏联加盟共和国转移到俄罗斯的既定政策是相违背的。特别是在2004年岁末，乌克兰发生政治骚乱的动荡背景下，RKK公司的这一提议尤其令人吃惊。但赞成使用"天顶"号的支持者们，其有说服力的辩解是"快船"号可以使用现存的运载火箭，而不需要研制原先为"快船"号建议使用的"奥涅加（onega）"火箭，这样可使整个"快船"号计划在技术和经费方面更具有现实性。

这艘像熨斗形状的"快船"号重13吨，将可以做25次重复飞行。它设计的能力是可乘载2名驾驶员、4名旅客和多达700千克的货物，而同为RKK公司研制的联盟号系列飞船其乘员不能超过3人。快船号的外壳，即它的热防护系统是基于为"暴风雪"号航天飞机研制的材料。

具有20立方米容积的、可重复使用的乘员舱被设计成一

"快船"号

个独立的舱段，它能够与两种可以改变气动力的壳体组装在一起：一种是航天飞机型的带翼滑翔体；另一种是所谓的升力体。后者的外形（不带翼）能够提供有效的气动升力。这种升力在飞行器再入大气层期间进行控制是必需的。

飞机型（或带翼型）"快船"号能够在偏离所设计的着陆航线时可机动达到 2000 千

"快船"内部布局

米；而采用升力体外形的飞船型（或叫无翼型）只能够机动 500 千米。前者可以像飞机一样在跑道上着陆，后者是用三件一套的降落伞着陆。

"快船"号能够运送乘员和货物到空间站上去或者进行 6 人、10 天的游览旅行。一个可分离的生活舱安装在主乘员座舱的后面，它是从"联盟"号系列飞船借用过来的，可满足部分乘员生活所需。生活舱装有一个对接口、一个卫生间和生命保障系统。

美国"奥赖恩"号

新设计的"奥赖恩"融入了计算机、电子、生命支持、推进系统及热防护系统等领域的诸多最新技术。它的外形为圆锥状，这种形状被认为是航天器重返地球大气层时最为安全可靠的外形设计。

除了采取新技术，"奥赖恩"还与目前国际上正在使用的几种航天器颇为相似，其中包括中国的"神舟"号飞船。第一个相似点是都采用了可

"奥赖恩"载人飞船

回收技术，"奥赖恩"使用了降落伞和气囊相结合的降落设计，使载人舱在落地后还可重复使用，另外也节省了在海上降落的昂贵搜救成本。目前，俄罗斯的"联盟"号飞船和中国的"神舟"飞船都采用这种设计。

第二点是隔热层脱落技术。美国以前使用的"水星"号飞船、俄罗斯的"联盟"号和中国的"神舟"飞船都使用这种技术，即覆盖在飞船表面的隔热层在飞船冲出大气层后脱落，以减轻着陆重量。正因为此，"奥赖恩"号可重复使用10次。

这种飞船在2015年飞往国际空间站，2020年开始登月，2031年开始飞往火星。

 知识点

库鲁航天发射场

库鲁发射场位于南美洲北部法属圭亚那中部的库鲁地区，建成于1971年，是目前法国唯一的航天发射场所，也是欧空局（ESA）开展航天活动的主要场所。它占地约90600平方千米，属法国国家国家空间研究中心领导，主要负责科学卫星、应用卫星和探空火箭的发射以及与此有关的一些运载火箭的试验和发射。库鲁发射场也称圭亚那航天中心，在沿大西洋海岸的一片狭长草原上。由于发射场紧靠赤道，对发射静止卫星极为有利。库鲁发射场1966年动工兴造，1971年建成，共耗资5.2亿法郎。早期仅进行探空火箭和"钻石"号运载火箭发射。1979年12月"阿丽亚娜"运载火箭在这里首次发射成功，至今该系列发射成功率已达90%以上，独揽了全球一半以上的卫星发射市场。

建筑师设计灵感来自吸水的海绵，可容纳350位学生的宿舍，楼高10层，长382英尺，内设有小型剧场、会议室和餐厅

量着实不小。但Holl说，许多建筑师在面临建筑体量太大时，总想把它打碎成几个小块，他倒认为体量大小不是问题，如何让每个局部和整体都别具意义才是重点。多数人不喜欢体量太大的房子，其实是讨厌它的粗糙、乏味、单调，以及所产生的压迫感、对视觉的污染，或通风采光不良等，如果这些问题都能解决，大又何妨！Holl想创造的是各种可能性的建筑，不受任何形式或风格限制，是依个案需要，借由材料、质地、光线、色彩、空间等基本要素的多重组构，让使用者直接感受建筑的物性本质。

宿舍外墙除了几个大开口外，其余都切割成方形格状，少数格子填实，大部分都是可开启的窗户；窗台有18英寸深，颜色或红或黄或蓝或绿，每个房间有9个窗格。宿舍临街道，面向学校的大操场。白天，从街道或操场上向宿舍望去，会因天气阴晴、光线强弱和人所在位置的远近、高低、视角的不同，而有不一样

宿舍外墙被切割成方形格状，少数格子填实，大部分是可开启的窗户；窗台有18英寸深，颜色或红或黄或蓝或绿

建筑师借由材料、质地、光线、色彩、空间等基本要素的多重组构，让使用者直接感受建筑的物性本质

的视觉感受。天气晴朗阳光高照时，房子的色彩显得特别丰富鲜艳，充满活力，但走两步回头一看，所有颜色都不见了，只剩一片银灰，顿时让人觉得沉稳冷峻；仔细一瞧，是窗框的阴影所致。到了夜晚，寝室的灯或开或关，忽明忽暗，有埋首苦读的，有早早入眠的，有外出未归的，又是另外一种多变的景象。

如何让莘莘学子带着一颗活泼好奇探究的心进入，并装载着各种精彩的学习生活体验和回忆离开，是此设计案最关注的焦点。MIT学生宿舍不仅外观多变，室内空间更是奇特有趣。不规则的带状楼梯使空间也跟着舞动起来，有机状的墙体和天窗所形塑的各种异型空间，充满奇幻色彩，和外墙上硬邦邦的方格形成强烈对比。其实入口处墙体上的圆洞，和悬挑雨篷上的云状孔洞，早已暗示着里头"别有洞天"。

感性

Frank O. Gehry

Zaha Hadid

感性的传达

建筑的性格

感性的建筑有像人一样的情绪、态度和想法。
有些房子看起来很快乐，有些看起来很忧伤；
有的表现得很友善，有的像是拒人于千里之外；
还有的一派轻松潇洒自在……

尽管建筑的构成材料都不带感情，可是业主、使用者、设计者都是有个性、有感情的人；倘若业主想将自己的身份地位透过建筑来彰显，当它是自我的延伸；或是建筑师、设计师为了使用者的需求，刻意让建筑带有丰富的情感；抑或业主没要求，使用者也无需求，纯粹是设计者将个人情感或理念注入其中，树立个人风格；那么，建筑就会像人一样有感性的一面。

感性的建筑有像人一样的情绪、态度和想法。有些房子看起来很快乐，有些看起来很忧伤；有的表现得很友善，有的像是拒人于千里之外；还有的一派轻松潇洒自在，或是郁郁不乐拘谨别扭；也有的喋喋不休热情奔放，或沉默不语冷漠无情；再如争强好胜唯我独尊、与世无争善与人同、展现力道予人力量、弱不禁风需要人安抚等，这么多情绪表现不是对错的问题，而是和适性与否有关。

快乐的房子未必好过忧伤的房子，要看使用者、访客、过往行人和社会大众能否接受这样的情绪。快乐的房子未必能给忧伤的人带来快乐，忧伤的人需要的可能是看起来多愁善感的房子，就像听疗伤歌曲一样有抒发情绪的效果。但麻烦的是，过一阵子心情变了怎么办？路过的人还好，只要忍受一下，可住在里面的人总不能立刻就搬家吧！房子的情绪一发不可收拾，不像人一样气过了一会儿就好，或发现表错情马上可以调整过来，也因此太过感性的建筑比较禁不起时间的考验。

感性的建筑或许会挑动人的情感、打扰人的情绪，让人有些许的不稳定，但从另一个角度来看，它能打开我们心里那扇紧闭已久的窗，让我们原本迟钝的感官也能重新活跃起来，发现原来从书本里找了半天都找不到的东西，竟在巷前路口那栋新盖楼房的窗台上。

———

代表建筑物

里斯卡尔侯爵酒庄饭店

新海关大楼

麻省理工学院第32号大楼

BMW莱比锡厂办中心

斐诺自然科学馆

63

Frank O. Gehry

弗兰克·盖里

建筑是为人而建造的，必须具备滋长人心的情感，
激发人们的感受力。

设计理念
建筑必须唤起人性的情感，不管是怎样的反应，即便是怒气也可以。

代表作品

1989 | 维特拉设计博物馆 | 威尔·德国
1997 | 古根汉美术馆 | 毕尔包·西班牙
1999 | 新海关大楼 | 杜塞道夫·德国
2003 | 洛杉矶迪斯尼音乐厅 | 洛杉矶·美国
2004 | 麻省理工学院第32号楼 | 剑桥·美国
2006 | 里斯卡尔侯爵酒庄饭店 | 埃尔谢戈·西班牙

荣获奖项

1989 | 普利兹克建筑奖
1992 | 高松宫殿下纪念世界文化奖
1999 | 美国建筑师协会金奖

常与艺术家来往的Frank O. Gehry，早年并不受建筑师的重视。第一件作品是1972年位于好莱坞的一栋商业大楼，曾招致同业的冷嘲热讽，并被媒体称为"破碎的陶艺"。Gehry说建筑师视他为怪客，而艺术家总是站在他那边，给他很多鼓励。Gehry从艺术家那儿学到了许多，比方说拿废弃物当媒材也能创造出完美作品。1978年他如法炮制，在加州Santa Monica以廉价的木夹板、铁丝网及铝浪板等工业素材，为自己打造了一栋住宅，从此声名大噪。

1929年Gehry出生于加拿大多伦多，父母亲是波兰犹太人。Gehry从小就对绘画、雕刻及古典音乐感兴趣，17岁那年跟着家人移居美国加州。因家境贫穷，有两三年的时间，他得在白天从事卡车司机的工作，晚上到夜校学美术。那时Gehry遇到一位影响他至深的陶艺老师，老师要他尝试做建筑，还介绍了一位当地知名的建筑师给他，Gehry就此迷上了建筑。

1954年Gehry取得了南加大建筑学士学位，接着进入哈佛大学研究所攻读都市规划。毕业后他到洛杉矶一家大型事务所工作，这期间他不只做设计，还处理财务管理、对外沟通等大小事务，直到有一天老板问他要不要以合伙人的身份参与公司的经营，他毫不犹豫就离开了。之后他前往欧洲，在那里生活了一年，1962年回到加州成立自己的事务所。在1989年，他获得普利兹克建筑奖。

生长在犹太家庭的Gehry，从小就缺乏安全感，在多伦多时还因犹太背景被同学欺负。或许是潜藏在心里的这份恐惧，使他的作品常让人觉得有点脆弱和不安。Gehry不相信有个清楚的、是非分明的世界，也不相信这样的世界可以建造得出。Gehry身边有位心理学家好友鼓励他多倾听自己内在的声音，而他也会在做设计时特别关注内在的声音，并相信自己的直觉勇往直前。

Gehry认为自己的建筑作品风格是亲切温和的，不会把人逼到角落，并流露放松感，他说不这么做就违反他的本性。不论是放松或不安感，总之Gehry的作品容易让人"有感觉"。他说建筑是为人而建造的，必须能够唤起人的情感，不管是怎样的反应，能够激发人感受力的才是建筑，即便是怒气也可以。而能不能让人心里滋长出某种感情，则是他评断建筑好坏的基准。

Hotel Marques de Riscal

里斯卡尔侯爵酒庄饭店

Architects：Frank O. Gehry

Location：埃尔谢戈·西班牙

Completion：2006

饭店占地10万平方米，楼高26米，有5层，外观十分抢眼，尤其顶上那些扭曲缠绕的钛金属板色彩缤纷

Frank O. Gehry的建筑不管盖在哪，总会引起不小骚动；他在加州的住宅，都多少年了，天天有人在那里探头探脑的；捷克"跳舞的房子"，时时有人拿着相机站在十字路待车流通过；毕尔包古根汉博物馆，那就更不用说了，机场为它而扩建，城镇因它而繁荣；西班牙Elciego也不例外，要不是有这座酒庄饭店，许多人这辈子大概不会到这里来。

有150多年历史的Marquesde Riscal酿酒厂，以往并不对外开放，为配合形象重塑计划，酒厂方面不惜花费重金延请全球炙

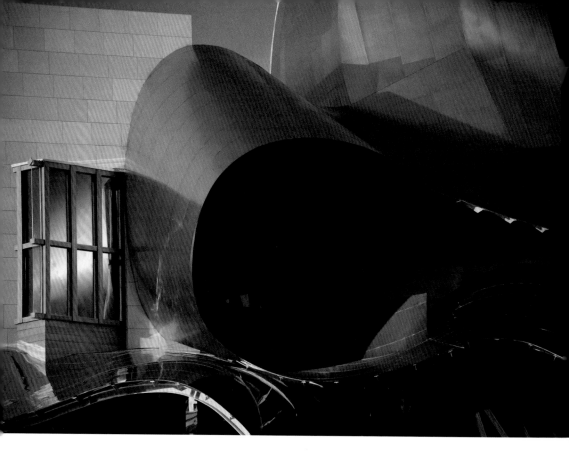

手可热的Gehry为酒庄建筑开创新页。当然，重金未必请得动大师，为了打动Gehry，除了请他前来酒庄小住体验酒乡迷人风情外，还馈赠多瓶Gehry出生年份的好酒。这招果真有用，据说大师在陈年老酒醺醉下，当场一口答应下来。2006年饭店开幕，Marquesde Riscal顺势推出的"Frank O. Gehry 2001陈酿精选系列"，隔年还被Campsa指南评为西班牙最佳葡萄酒。

　　酒庄饭店盖在葡萄园旁，外观十分抢眼，尤其顶上那些扭曲缠绕的钛金属板色彩缤纷，有粉红的、银的、金的，在朴实的乡村里，大老远就可以看见它；若碰上晴朗天气，整座建筑更是光芒四射，亮眼无比。酒业公关表示，粉红代表酒色，金色是酒在瓶中的光影，银色则是酒瓶上的标签。Elciego以出产葡萄酒闻名，小镇别有风情和韵味，如今冒出这座造形奇特的建筑，有人觉得突兀不搭，有人见怪不怪。当地居民又怎么看? 据说觉得新鲜呢。

建筑物顶上那些粉红、银、金的钛金属板，光芒四射，亮眼无比，给人一种似乎只有在梦境中才会出现的"脱序"感

饭店有29间客房，位于地势较高的南侧，还可饱览美丽的乡村景致

饭店占地10万平方米，楼高26米，有5层。底层为酒窖，接待大厅在2楼，与葡萄园同高。3楼有14间大小不等的客房，有趣的是，客房平面呈不规则状，窗台歪斜甚至前倾，住在这里，即便滴酒未沾也会有醉意。餐厅在4楼，一处公共用餐区，一处私人用餐区，还有数个户外用餐露台，可以饱览美丽的乡村景致。5楼则为Marques de Riscal董事会使用的空间。另有一附属设施酒疗中心，有29间客房，位于地势较高的南侧，旁边就是葡萄园。酒疗中心和饭店之间有一座高架通道，由玻璃及金属板组构而成，既科技又梦幻。

Marques de Riscal酒庄饭店如同Gehry的其他作品一样，给人一种似乎只有在梦境中才会出现的"脱序"感，让人觉得亲切、轻松、自在。或许是白天我们的生活过于压抑，约束太多，因而潜意识里渴望挣脱也说不定。

Der Neuer Zollhof

新海关大楼

Architects：Frank O. Gehry
Location：杜塞道夫·德国
Completion：1999

杜塞道夫莱茵河畔，矗立着三座仿佛醉客相互簇拥的大楼，不禁让人联想到布拉格那栋"跳舞的房子"。没错，都是喜欢颠覆传统，总是不按牌理出牌的建筑老顽童FrankO. Gehry的作品。Gehry完成这三座办公大楼时已年过70岁，无法在酒精上寻求刺激，却有本事让建筑品尝醉酒的滋味。

基地所在是都市边陲一个名为媒体港（Media Harbor）的新开发区，媒体港顾名思义是媒体通讯产业的相关发展区，那里原是莱茵河畔的一个旧船坞区，有许多老旧厂房、废弃仓库和装卸

沿着河岸成一字形排开的三座办公大楼，外层分别使用不同的装修饰材，仿佛醉客般地相互簇拥

设施。1976年起，德国政府着手此地的再开发计划，目的是借由旧港区改造来创造新的都市生命力，进而使杜塞道夫成为欧洲的创意产业中心。

　　该计划并没有将老旧的东西全都拆除，多数旧厂房和装卸设施都被保留下来，部分登录为古迹，或加以改造保留外壳，内部再注入现代化设备。计划内容还包括委请国际知名建筑师设计办公大楼、集合住宅和购物商场等各种用途的新建筑。

　　Gehry设计的这三座办公大楼，沿着河岸成一字形排列。南向临街，稍做退缩配置；北向面河，一楼有开放式广场，办公室会议可以挪到广场上来，相信在河边开会比较容易达成共识。楼与楼之间也留有开放空间，便于行人在街道与河岸间穿梭。

三座楼的外墙均为混凝土板，中间银色栋用金属片包裹，东边白色栋以灰泥粉刷，西边红棕色栋则是贴面砖

不同色彩、材质和形体有利于辨识，但为了整体性考量，建筑师以同样形式的开窗将三座楼串成一体

三座楼的外墙均为混凝土板，外层分别使用不同的装修饰材：中间银色栋用金属片包裹，东边白色栋以灰泥粉刷，西边红棕色栋则是贴面砖。Gehry将每栋所需的量体分割成或高或低的几个小块，再成串组构，尽可能使每个办公单元都拥有大面积的水岸视野。不同色彩、材质和形体有利于辨识，但为了整体性考量，Gehry以同样形式的开窗将三座楼串成一体。

媒体港再开发计划分梯次进行，1999年，当Gehry这三座颇具门面意味的创意建筑完成后，其他建筑师所设计的前卫建筑也陆续完成，如今水岸再发展已成气候，不仅留有旧船坞的迷人韵味，还有创新建筑所灌注的蓬勃景象。

Ray & Maria Stata Center

麻省理工学院第32号大楼

Architects：Frank O. Gehry

Location：剑桥·美国

Completion：2004

每个人心中多少都有些"房子该有的样子"，但对创作者，尤其像Frank O. Gehry这类既前卫又经验老到的建筑师来说，任何形式都可以被转化成建筑，根本无所谓"该有的样子"。也因此看Gehry设计的房子，若不当成艺术品来体验，还真叫一般人难以接受。就如2004年启用的美国麻省理工学院（MIT）第32号楼，一堆东倒西歪、相互推挤又骚动不已的建筑群，要不是摆在极重视创意的MIT校园里，恐怕也会像Gehry的另一个设计作品——洛杉矶迪斯尼音乐厅，兴建过程历经一波三折。

MIT是当今世界最富盛名的理工大学之一。也许是学理工的人习惯以数字代替文字说明，MIT院内的大楼都以数字为名，虽然部分大楼也有"文字名"，如32号楼又名Ray & Maria Stata

一堆东倒西歪、相互推挤又骚动不已的建筑群，部分"临时性"的材料让人感觉建筑尚未完成还存有活力

Center，以捐助者的名字来命名，但学生还是习惯以数字称呼。据说MIT的学生不喜欢赞美个人，除非这个人发现了什么永恒不变的宇宙定律，名气若不如牛顿或爱因斯坦是不会被提及的。

32号楼的兴建，起源于1999年MIT校长所推行的一项五年募款15亿的"MIT再造计划"，该计划包括校园硬件建设、鼓励学生研究学习的奖学金和强化教学与研究的相关计划三大项目。32号楼为硬件建设的其中一个部分，主要容纳人工智能实验室、资讯科学系、哲学系及语言学系等单位。校方请来普利兹克建筑奖得主操刀，希望借由大师之手提振校园建筑质量，使学生们在实验室里也能发挥想象空间和冒险的思考，不为空间所约束，维持学校惯有的创新精神。

这座抢眼的综合教学大楼，从里到外，有曲面墙，有斜面墙，就是甚少垂直墙面，教授得习惯在30度角斜墙旁做研究。大楼里没有传统笔直的走廊，走道忽宽忽窄，空间多变，穿梭各室据说像在走迷宫，离开研究室就走不回是常有的事。有教授索性

建筑物从里到外，有曲面墙，有斜面墙，就是甚少垂直墙面，教授得习惯在30度角斜墙旁做研究

大楼里没有传统笔直的走廊，走道忽宽忽窄，空间多变，穿梭各室据说像在走迷宫，需要借助GPS导航

借助GPS，结果还把GPS考倒了，无法定位，只能说校方真是有勇气。外墙材料有砖，有铝版，有不锈钢，类似时下流行服饰的"混搭"，部分材料的"临时性"让人感觉建筑尚未完成还存有活力。这些设计手法堪称天马行空，然而，Gehry并没有陷入虚构的陷阱，也不沉迷于幻象的营造；他打造了许多可以弹性运用的空间，以留白的方式允许教职员运用简单方法改造或调整自己的所属空间。

Gehry喜欢被视为一个实际的、尊重空间需求、注意经费预算、对业主来说是有用的建筑师，但别人怎么看他又是另一回事。Gehry和建筑师在一起时，建筑师说他是艺术家；和艺术家聚会时，艺术家又说他是建筑师；这种情形虽让他觉得无奈，但其实他也不是很在意。Gehry曾在受访中提到，对于建筑是不是艺术这类问题他一点都不感兴趣，他不在乎个人或作品如何被归类，对所谓的建筑类型或风格更是不在意，他只在意和业主充分沟通，做出自己满意、业主也满意的作品。

Zaha Hadid

扎哈·哈迪德

我不相信和谐。
如果你旁边有一堆屎，你也会去仿效它，
就因为你想跟它和谐吗?

设计理念
凭直觉，喜欢从现存的秩序中解放开来，她的设计风格是"唯一、不同、原创"。

代表作品
1993 | 维特拉消防站 | 威尔·德国
2002 | 伯吉赛尔滑雪跳台 | 因斯布鲁克·奥地利
2005 | BMW莱比锡厂办中心 | 莱比锡·德国
2005 | 斐诺自然科学馆 | 沃夫兹堡·德国

荣获奖项
2003 | 密斯·凡·德罗奖
2004 | 普利兹克建筑奖
2009 | 高松宫殿下纪念世界文化奖

喜欢穿着三宅一生服饰的Zaha Hadid，有人形容她是"永远在喷火的火山"。Hadid的作品和人一样充满爆发力，连说话的语气都十分带劲。当被问及设计是否考虑与周围环境的互动，她的回答是："我不相信和谐，什么是和谐？跟谁和谐？如果你旁边有一堆屎，你也会去仿效它，就因为你想跟它和谐吗？"

Hadid于1950年出生在巴格达，家里相当富有，小时候被父母送到教会学校就读，从天主教修女那里学到"要相信自己，女生也可以有所成就，也可以在科学学科上有很好的表现"。Hadid在11岁时就想将来要当建筑师，上大学时却是先念数学，数学对她来说很简单，"闭着眼睛都能做"。之后转念建筑，1977年拿到AA（伦敦建筑协会学会院）硕士学位，并加入Rem Koolhaas的大都会事务所，3年后，在伦敦创立自己的事务所。

Hadid自认是个很情绪化的人。她喜欢电影、芭蕾，可以从某些事物得到无比的快乐，但同时也会恼怒，非常恼怒。她说多数英国人都不知道要怎么应付像她这样的人。过去，当Hadid碰到不能沟通的人，她会直接对他们吼，不过，用意只是想吓吓他们，让他们担心而已；现在当然不那

么做了。倒不是成名让她的脾气变好，她现在依然我行我素，理由是"也许有时候你必须是个难搞的人，不然你只会得到平庸的设计，我们已经有够多那样的设计了。我不喜欢妥协，因此经常有摩擦"。

Hadid是第一位获得普利兹克建筑奖的女性，常被问及女性行事上和男性有否不同，她回说："我不知道，因为我从来没有当过男性。但是，显然地，大多数的业主不太敢跟一个女性搅和。尤其是要一个伊拉克女性来告诉他们怎么做。"Hadid觉得自己的思考方式和典型的、理性看事情的欧洲人不一样，他们有兴趣的是清楚分明及可预测性，而大部分的建筑师也是那样。她是凭直觉，喜欢从现存的秩序中解放开来，她描述自己的设计风格是"唯一、不同、原创"。

Hadid说建筑对她而言不是艺术，建筑具有功能性，那牵涉到结构、力、工程学等，建筑不仅仅是一种表达。若不是为了表达，这份工作带给她的快感又是什么？她的回答是"影响力"——她的建筑影响着空间里每一个人的每一天。而这影响力还从她的作品逐渐往外扩，2010年，Hadid被《时代》杂志评选为全球百大最具影响力思想类人物。

BMW Central Building, Plant Leipzig

BMW莱比锡厂办中心

Architects：Zaha Hadid

Location：莱比锡·德国

Completion：2005

这是个特别的体验，参观建筑的同时顺道看汽车怎么生产。原本只是想看建筑，看当今建筑界最令人敬畏的女性建筑师Zaha Hadid如何为车厂操刀而来。没想到离开之后，满脑子竟是那些有趣的汽车生产过程，以及挑高大厅上方，组装好的车子像回转寿司送出来的画面，差点把原本要关注的建筑都抛到脑后了。

BMW莱比锡厂是BMW3系列的全球制造基地，也是近年来唯一落脚西欧的汽车厂。基地所在原是一片空

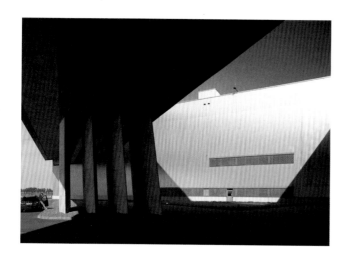

建筑师以一个剪刀形的
剖面为设计发展主轴,
利用两组交错的阶梯状
平台连结上下两楼层,
让整个厂办中心成为一
个连续性的区域

旷的绿野，厂办中心在设计时，制造工厂已经完工，只留下一块待被填补的空地。Hadid设计的厂办中心，主要作为人流、物流聚合的场所，连结制造工厂的制造部、涂装部和组装部三个部门；生产线员工、工程师、管理部门员工及参访宾客皆由此进出，生产中的汽车也从这里经过。

厂办中心所有空间若不是采用开放式，就是用透明玻璃隔间，或透过动线安排增加人员之间的互动

　　Hadid以一个剪刀形的剖面为设计发展主轴，利用两组交错的阶梯状平台连结上下两楼层，让整个厂办中心成为一个连续性的区域。第一组平台从邻近大厅的地方，由北向南分阶段升起，在建筑物中心处和二楼楼板相衔接。另一组阶梯状平台，从南端的餐厅由南向北逐渐升起，与第一组平台相遇后，继续扬升至入口处上方。两组平台之间所形成的长向挑空，下方是办公区，上方设有车轨，将尚未完成的车子移往各个生产部门。

　　有别于传统车厂蓝领、白领分明的作业环境，BMW莱比锡

有别于传统车厂蓝领、白领分明的作业环境，BMW莱比锡厂不分族群和阶级，只求团队表现

厂不分族群和阶级，只求团队表现。因此，Hadid在设计上特别着重空间的连结与穿透性、人与人之间的互动，以及人与物（产品）之间的关联。所有空间若不是采用开放式，就是用透明玻璃隔间，或透过动线安排增加人员之间的互动。例如将工程部门与行政区域安排在生产人员进出和午休的动线上；白领的工作区域在1、2楼都有分布，而部分蓝领的储物间和社交空间也设置在2楼；另有蓝领和白领共同使用的社交空间。

参观时，解说员强调此案的理念是打破族群、阶级界线，打破生产与被生产的界线，打破劳方与资方的界线，而反映在空间设计上也的确如此，不过感觉上人心里的分别好像没那么容易去除。无论如何，BMW莱比锡厂办中心透过建筑美学展现出与全球其他车厂不同的造车理念，让汽车生产与工作思维空间融为一体，确实是别具一格，也因此，自落成以来已吸引非常多的人士前往参观。

Phaeno Science Center

斐诺自然科学馆

Architects：Zaha Hadid
Location：沃夫兹堡·德国
Completion：2005

　　人都有理性和感性两个面，当感性面发现了某个神秘事物，而理性面觉得不可理解时，有人就会好奇地想要得到合理解释，而开始一连串的"科学探索"。因此科学馆之类的建筑，就不会是一个纯然的理性组构，而忽略人的感官和多种觉受。Zaha Hadid非常清楚什么样的建筑会让人有感觉，在设计沃夫兹堡斐诺自然科学馆时，便以"引发好奇与发现神秘"为构想主轴，不但让建筑外观极具感染力与吸引力，还利用精确的系统控制，使进馆的访客体会某种复杂，甚至不可思议的感觉。

　　斐诺自然科学馆坐落在德国沃夫兹堡市中心，作为福斯汽车城的入口门户，从规划之初就被定位在

斐诺自然科学馆建筑
外观极具感染力与吸引
力，还利用精确的系统
控制，使进馆的访客体
会某种复杂不可思议的
感觉

"新旧城间的新中心点"，除了科学馆该有的功能外，它还需串连既有的文化设施，并化解老城的沉重和封闭。由于复杂的城市动线在此交叉，为了不破坏原有的都市纹理，Hadid以几个下窄上宽的漏斗状支柱将建筑物架高，让街上行人可以从中穿越。被架高的科学馆外观颇具气势，尤其是那壮硕的漏斗状支柱，但不至于给人压迫感，相反的，支柱与支柱之间的神秘"洞穴"相当引人好奇，让人想一窥究竟。

Hadid说，漏斗形体不是天上掉下来的，而是分析沃夫兹堡城市轴线所得的结论，也就是从城市环境的客观要素来塑造建筑物的内部空间。漏斗状支柱除了作为结构组件外，还有其他功能，如当出入口使用，或作为讲堂、书店、展厅，其中一支柱有电梯直达主展厅。而到了主展厅，仍会见到贯穿整座楼的漏斗状支柱。

为了不破坏原有的都市纹理，Zaha Hadid以几个下窄上宽的漏斗状支柱将建筑物架高，让街上行人可以从中穿越

漏斗状支柱除了作为结构组件外，还有其他功能，如当出入口使用，或作为讲堂、书店、展厅，其中一支柱有电梯直达主展厅

　　科学馆的展览方式和一般艺术展览不同，Hadid将此馆的布展方式喻为"爆炸的粒子序列"，就像石头爆开后，碎片散落四周，她希望访客感受到空间的开放、自由和随意，借此鼓励访客安排自己的参观动线。的确，这里让人觉得自由，可以很随兴想看什么就看什么。但这"随兴"背后其实有一套精密的系统在控制，譬如访客的视线会被奇特的曲面或拐角吸引，或在昏暗的空间里，视线自然会朝亮处去，而展品就"刚好"摆在那儿。因此，Hadid这个作品看似充满爆发的感性，背后目的其实是理性的，和Frank O. Gehry的作品以感性面贴近人性有所不同。

理性

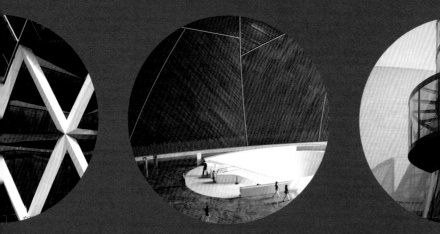

建筑的性格

理性的组构

理性建筑比较没有情绪，或压抑着情绪，
其表现是稳定的、平衡的、和谐的、
对称的、有序的、规律的、合理的、
规矩的、冷静的、安全的、可靠的、
简单的、实际的。

人因为有感觉，心里常浮动，需要理性来平衡。看到别人家的精美豪宅，心里半自羡慕半自难过，但仔细算算，不吃不喝一辈子也沾不到边，算了吧。当城市里的建筑都在各自标榜我最高、最美、最环保、最节能、最富创意、最有品位时，我们希望新盖大楼就不要再说什么了。现代都市生活，交通拥挤，工作忙碌，心情浮躁，需要的是能平抚情绪安定人心的建筑；倘若不能，至少不要再刺激我们的感官，即便是充满诗意的建筑，都可能让人承受不起。

建筑承载着众人的欲望与情绪；业主边压低成本，边增添要求；屋主希望低价买进，高价卖出；使用者稍感不适或不便，就会上网抱怨，昭告天下；邻居不许你阻碍他的视线，影响环境，破坏房价；当科技有新发明，新的材料和设备问世后，得抢先使用，以免跟不上时代；当业界有什么流行样式出现，得跟进才不显落伍；当社会有新的环境议题，如温室效应、节能减碳等，得做必要的响应，免得落人口实。

建筑师在面对这么多人的多样要求，必须抽丝剥茧，化繁为简，想方设法，才能满足所有人的需求。其组构过程如果不够理性，后果就难以收

拾，因此绝大多数建筑的骨子里都算是理性的。至于外显部分，除非必要或个性使然才会不经意地宣泄情绪，否则建筑师大概不会刻意表现个人情感或特殊理念来增添乱子吧。于是，愈都市化的地方，理性建筑愈多。

相对于感性建筑有着喜怒哀乐的情绪，影响人的心情，理性建筑比较没有情绪，或压抑着情绪，其表现是稳定的、平衡的、和谐的、对称的、有序的、规律的、合理的、规矩的、冷静的、安全的、可靠的、简单的、实际的。当然如果每栋房子都是这种调性，我们可能也会受不了，而期待感性建筑带给我们一些乐趣。人心是如此捉摸不定，我们需要的建筑自然也不会固定在某种特定形式上。

———

代表建筑物

北京首都机场T3航站楼

瑞士再保险公司伦敦总部大楼

Boyd艺术教育中心

北京国家大剧院

美国国家艺廊东厢

德国历史博物馆

Miho博物馆

关税同盟设计与管理学院

纽约新当代艺术馆

十和田现代美术馆

Norman Foster

诺曼·福斯特

我希望自己的建筑作品都是乐观之作，
为人带来希望，感受明亮与振奋。

设计理念
运用高科技，展现出清新、开放、明亮的风格。

代表作品
1986｜香港汇丰银行｜香港·中国
1998｜香港赤鱲角国际机场｜香港·中国
2004｜瑞士再保险公司伦敦总部大楼｜伦敦·英国
2008｜北京首都机场T3航站楼｜北京·中国

荣获奖项
1990｜密斯·凡·德罗奖
1999｜普利兹克建筑奖
2002｜高松宫殿下纪念世界文化奖

香港新机场、北京机场T3航站楼的建筑师Norman Foster，是个热爱飞行的人，除了设计机场，他也曾为航空公司设计飞机的外观和内装。Foster经常驾着私人飞机或直升机前往想去的地点，不过，那是当了建筑师成名之后才可以如此随心所欲，小时候的他可是被困在一个破败的贫民区里，只能借由模型飞机和书本幻想着有一天真的能够飞出去。

1935年Foster出生于曼彻斯特，父母皆为工人。在成长的过程中Foster身边没有任何人想过要去上大学。多亏当地有座图书馆，十四五岁的Foster在那里发现了Frank Lloyd Wright和Le Corbusier的作品与书籍，令他爱不释手。16岁时，因没有钱也没有奖学金，Foster只好辍学。为了生活，他曾到面包店打工，也卖过家具，开过冰淇淋贩卖车，还当过舞厅的警卫。21岁时Foster重回学校，进入曼彻斯特大学就读，并依志向选择了建筑学和城市规划专业。

大学时期，Foster常骑着单车四处去看房子，寻找美丽的建筑物，除了经典建筑，他也会仔细观察简朴的大厦、谷仓及风车。他还因画了一座风车而赢得英国皇家建筑师协会所颁发的银质奖章。那时他刚开始学建筑，暑假作业就是画一栋知名且历史悠久的建筑物，他是第一个挑战这项任务的学生，却画了个不被认为是建筑的风车；若不是得奖，他肯定被当作笑话。1961年在曼彻斯特完成学业后，Foster拿到耶鲁大学建筑学院的奖学金而前往就读，在那里取得了硕士学位。

1963年，Foster和妻子以及Richard Rogers夫妇组成四人小组，他们探索高科技，崇尚轻质技术；直到1967年，才自立门户。Foster特有的高科技建筑风格，不但在英国本土受重视，也广被世界各地所推崇。1986年建成的香港汇丰银行，令Foster在国际建筑界声名鹊起；之后的香港新机场更是将他的声望推至顶峰；1990年因其在建筑方面的杰出成就，被英女王册封为爵士；1999年获得建筑的最高荣誉普利兹克建筑奖。Foster的作品风格清新、开放、明亮，他曾在一次受访中提到："身为建筑师，必须保持乐观的心态。我希望自己的建筑作品都是乐观之作，为人带来希望，感受明亮与振奋。"

Beijing Capital Airport T3

北京首都机场T3航站楼

Architects：Norman Foster

Location：北京·中国

Completion：2008

　　"北京首都机场T3航站楼外形宛如一条巨龙"，网络上都是这么写的，但实地走一回才知道要看见那条龙可真不容易。Norman Foster以龙为意象打造这座中国新国门，曲面金色屋顶象征龙背并与紫禁城相呼应。可是除非在飞机起降时，还得跑道"正确"、白天、靠窗坐，并掌握刹那片刻，才能"见龙在田"。要不到了地面，在大屋顶底下，连要看个龙影都很难。

　　T3航站楼是2008北京奥运配套工程中，规模最大、投资最多的建设，总建筑面积98.6万平方米，有170个足球场大，也比伦敦希斯洛机场1至5号航站楼相加的总面积还要大出17%；花费275亿人民币，相当于10个北京国家大剧院的经费；工期仅仅3年9个月，在

Norman Foster以龙为
意象打造这座中国新国
门，曲面金色屋顶象征
龙背并与紫禁城相呼应

施工高峰期，工地上同时有5万工人在忙碌，可以想象那协调管理是何等壮举。

航站楼入口处有长达800米的曲面悬臂式挑檐，原设计宽度为65米，比现在的35米更为壮观

全长3公里的T3航站楼，依功能区分为T3C、T3D和T3E三个区段。T3C用于国内国际乘机手续办理、国内出发及国内国际行李提取；T3D暂用于奥运及残障奥运会期间包机保障；T3E用于国际出发和到达。为了使边长最大化，增加机位数量，T3C和T3E呈"人"字形对称分布在航站楼南北两端，中间段再由"一"字形的T3C来串连。T3D和T3E之间有一条输送旅客的地铁系统，时速可达80公里，每小时可运送8200名旅客。航站楼的色系由16种颜色渐变而成，从T3C入口处的红色、橘红色，渐变到T3E末端的金黄色，旅客要是不明身在何处，看看天花板上的钢架颜色就知道了。

航站楼入口处有长达800米的曲面悬臂式挑檐，原设计宽度为65米，比现在的35米更为壮观。据说在工程进行到一半时，才

航站楼的色系由16种颜色渐变而成，红色、橘红色，渐变到金黄色，旅客只要看看天花板上的钢架颜色，就知道身在何处了

发现挑檐过大可能导致室内光照度不足，为了不影响节能效果，只好更改檐宽。此外，北京整年下来的温度变化极大，对T3工程来说是一大挑战。工程师除了仔细调整每个屋顶连接点或松或紧，以应因热胀冷缩可能导致的支柱弯曲，并且在支柱和屋顶间设置了32组热膨胀连接点，使其沿着结构滑行，避免屋顶遭受破坏。

除了强调中国意象，Foster在环保节能上也费了许多心思；300多扇龙鳞般的天窗朝向东南，可大幅度减少白天的灯光照明；部分天窗可自动开启通风，调节室内温度；航站楼两侧的玻璃幕墙采用中空低辐射镀膜玻璃，既可采光，又具隔音隔热效果；还有可汇集雨水的调节水池、让冷气重复利用的空调系统等。机场里的旅客多半来去匆匆，很少有人会感受到什么建筑意象，倒是建筑师赋予航站楼的舒适、便捷、明亮、活力与生命力，每个人多少都感受得到。

Swiss re London Headquarters

瑞士再保险公司伦敦总部大楼

Architects：Norman Foster
Location：伦敦·英国
Completion：2004

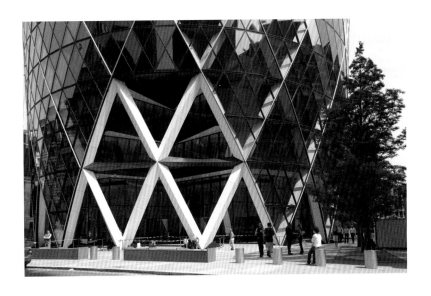

建筑外型像子弹，也像大黄瓜的瑞士再保险大楼，楼高180米，共40层，在网状玻璃穹顶笼罩下，十分醒目

这一栋在某部电影里曾出现过的瑞士再保险大楼，有人说它像子弹，也有人说像黄瓜，楼高180米，共40层，由Norman Foster设计，是伦敦第一座获批准高度可以超过圣保罗教堂的摩天钢构大楼。尽管位于伦敦旧城区，附近道路狭小，旁边又有一栋19世纪的老教堂，业主瑞士再保险公司仍希望总部大楼在外形上能别出心裁。Foster因此提出一个子弹造型方案，不仅外观独特，还可以让气流快速通过，减少风阻。

楼板呈"花瓣"状，在花瓣与花瓣间的夹缝是一个三角形天井，正中央"花蕊"部分是电梯、楼梯、厕所等公共空间

此设计强调环保和节能，双层玻璃帷幕中间夹有一层空气层，主要用来隔热，部分窗户设有电脑传感器，以控制室内温度及换气。各层平面虽同为圆形，但随着楼层不同面积会略为放大或缩小。楼板没有占满整个圆，而是呈花瓣状，"花瓣"与"花瓣"间的夹缝是一个三角形天井，正中央"花蕊"部分是电梯、楼梯、厕所等服务性空间。

每层楼有6个天井，为了确保光线能充分穿透室内，并利用压力变化促使空气流通，每上一层，"花瓣"就旋转5度，因此天井呈螺旋状；外观上颜色较深的旋转"色带"里面就是天井。天井与双层玻璃帷幕中间所夹的空气层相通，可提高大楼的散热效果。

由于造型特殊，建筑师在结构设计上煞费苦心，先是从传统的柱梁结构思考，始终找不到好对策，后来干脆就顺着大楼既有的逻辑，让螺旋天井的动力带动结构发展，以对角式结构循着天井螺旋前进。最后，建筑师决定以三角结构作为大楼骨架，其特点是：强韧稳固、力量自动取得平衡、结构较轻较薄、大楼重量减轻，且符合经济效益。

业主原本打算将大楼的室内也交由Foster事务所设计，但后来改由班奈特公司主导，顶楼和大厅则聘请Foster事务所当顾问。Foster得知消息后非常不能接受，因为大楼的内部和外部设计理念本是一体，很难切割为二，但决定权在业主，建筑师只能尊重业主的决定。

为了鼓励民众利用大众运输工具，这栋大楼并没有设置停车位。办公空间开阔明亮，每层楼靠近天井的"露台"成为最受欢迎的休闲区、咖啡吧。顶楼有一个高级酒吧，在网状玻璃穹顶笼罩下，气氛十分迷人，360度的视野景观绝佳，不过仅供内部员工使用，外人只能透过登记参观方式感受气氛。当我们前往参观时，正值他们高阶主管用餐，因此大伙被要求得换上皮鞋，对旅人来说这有点困难，只好轮流进场。还好，进去时他们已用完餐走了，要不气氛会被我们搞砸的。

每层楼有6个天井，为了确保光线能充分穿透室内，每上一层，"花瓣"就旋转5度，因此天井呈螺旋状

Glenn Murcutt

格伦·马库特

不掌握语言文字，就没办法写诗；
愈了解前人的建筑，我们的建筑语汇就愈丰富。

设计理念
建筑不惊扰大地，以澳洲原住民古老的"轻触大地"智慧，与自然和谐共处。

代表作品
1980｜尼可拉斯尼可拉斯之家｜欧文山·澳洲
1992｜穆卡特之家｜肯普西·澳洲
1999｜Boyd艺术教育中心｜西坎贝沃拉·澳洲

荣获奖项
1992｜澳洲建筑师协会金奖
2002｜普利兹克建筑奖
2009｜美国建筑师协会金奖

2002年普利兹克建筑奖宣布时，得主Glenn Murcutt比任何人都还要讶异。他从没想过要得奖，结果就得了；从没渴望经常接受采访，但各种采访始终未断。Murcutt说他不过是遵循着自己内心深处的声音在工作，没想到引来那么多人的关注。得奖后头两年，他形容"简直是个灾难"。多数时候都独立作业的Murcutt，为了一一回复那上千封的祝贺信，工作进度被迫延后6个月。

1936年Murcutt出生于英国伦敦，1961年从新南威尔士大学毕业。在成长过程中，父亲给Murcutt的教育是："生活中，大多数人都在从事普普通通的工作，所以不论你做什么，重要的是竭尽所能地将它做好。"1970年，Murcutt在悉尼开业。除了当建筑师，他也在世界各地教学和演讲。Murcutt的设计是在澳洲的地理、气候条件下锻造出来的，他将现代建筑材料融合的同时，关照了周围的景观以及气候的变化。

数十年来，Murcutt有着成群的业主排队等待他做设计。Murcutt偏好小型案例，原因无他，只为了有更多机会亲自实验通风、建材、光线、气候、空间及基地特性等建筑元素。Murcutt以澳洲原住民古老的"轻触大地"智慧来处理建造的问题，从不大量开挖，尽可能减低对大地的惊扰，建材选择生产过程能源消耗最少的，构造工法选择最简易操作的，并以本地的自然及人文景观为其首要考虑。

天气凉就加件外套，天气热就穿轻薄的衣服。对于建筑，Murcutt也有类似的追求，希望建筑能够对气候有所反应，就像人可以增减衣物一样。Murcutt做设计所考虑的气候因素，不仅包括热量，也包括海拔、纬度、太阳高度、主要风向和山的距离、离海的远近等。可他说，100年前和别人这样讲，没有人会有异议，因为当时都是这样做。但现在，在大多数的国家，尤其在美国，人们会惊叹地说："难道不能用空调吗？"

Murcutt的现代派风格深受Mies vander Rohe的影响，对此他的解释是："不掌握语言文字，就没办法写诗；愈了解前人的建筑，我们的建筑语汇就愈丰富。一旦掌握了语言，就会找到合适的方法。注意，我不是说新的方法，为了求新求异而去寻找方法是走不远的。"

Arthur & Yvonne Boyd
Education Centre

Boyd艺术教育中心

Architects：Glenn Murcutt, Wendy Lewin, Reg Clark
Location：西坎贝沃拉·澳洲

Completion：1999

澳洲肖尔黑文河（Shoalhaven River）三角州一带，靠近瑙拉（Nowra），距离悉尼约3小时车程，有一块向着河流的坡地，景色相当优美。这样的风水宝地在台湾可能会被拿来盖庙宇，或给建设公司拿去盖大批豪宅；在澳洲却是因地主的"大地景观不可私据"理念而建成艺术教育中心，开放给大众使用。

密斯说"每一个优秀的建筑背后都有一个优秀的业主"，这句话套用在此案上也合适。业主Arthur Boyd是一位画家，以澳洲地景及原住民生活题材闻名于世。

Boyd在世时就将他的画作和土地捐赠给澳洲百姓，并成立基金会。为了把个人受大自然启发的经验和他人分享，Boyd请来Glenn Murcutt设计艺术教育中心，1999年兴建完成，没多久Boyd便离开人世。

Boyd艺术教育中心除了有Boyd家族的作品作为永久展示外，还有其他画家的季节性主题展，并提供艺术家进驻，以及教学活动、单日赏析导览、假日爵士演奏和主题工作营等。空间机能主要分为大堂和宿舍两区，其间有一个厨房供两边使用。长条形的平面折成两段面向河景。宿舍共8间，每间有4个床位。屋架和地板均为木作，墙上挂画，窗框框景，还有原住民色彩的床垫，清雅舒适。

建筑外观平实，没有雄伟气势，没有夸张造型，没有多余装饰。Murcutt将建筑的"姿态"压到最低，他知道在这里建筑只是用来欣赏、接近大自然的一个平台，他要做的是尽可能不惊扰到大地。这个想法看似简单，实际上不容易做到，因为建筑作品是创作者的延伸，谁都不愿意压低自己，何况有这么好的基地条件怎可不大秀一番。

不惊扰大地得善用自然，与自然和谐共处，最终回归自然。Murcutt让这座房子可以全年呼吸，确定好朝向，每个位置都有好的通风，让空气能在其中流动。利用大面积开窗自然采光，透过屋檐、遮阳板调节光线。建筑随地势起伏，屋顶折板顺应地形，还可收集雨水再利用。所使用的木料，少数来自人造林所制的新夹板，大部分精致木料都是一些回收旧料。地砖则是用透水铺面，每块砖材都可轻易取出并重复使用。

我们都喜欢大自然，渴望接近自然，但潜意识里其实会担心自然之不可驾驭，尤其长时间接触，因此Murcutt的这个设计，造形几何、井然有序，看似与自然对立的理性建筑，反倒让人在接触自然之时心里较能保持平和与安稳。

空间机能主要分为大堂和宿舍两区，面向河景。宿舍的屋架和地板均为木作，还有原住民色彩的床垫，清雅舒适

Paul Andreu

保罗·安德鲁

建筑师并不是一个令人羡慕的职业。
但是如果你愿意完全地投入其中，它也会给你的生命带来意义，
会有与世界融为一体的幸福时刻。

设计理念
建筑是无止境的，蕴含很多复杂性，包含理念以及服务设施，与周遭相互联系。

代表作品
1974｜戴高乐机场｜巴黎·法国
1989｜拉德丰斯大凯旋门｜巴黎·法国
2007｜北京国家大剧院｜北京·中国

荣获奖项
1977｜第一国际建筑奖
1995｜日本建筑师协会奖

29岁时Paul Andreu设计了法国戴高乐机场候机室而一举成名，年近70更以作家身份发表了《记忆的群岛》《房子》等文学创作。Paul Andreu说，他从不刻意设计自己的人生道路，他做的不过是以一颗好奇的心面对一切，无论是大型建筑的设计或小书的写作，对他而言都一样重要。喜欢在夜间写作的Andreu，不曾在建筑作品中传达个人理念，但他会将自己的情感、理念透过文字来表达。

Andreu生于1938年的波尔多，1961年从法国高等工科学校毕业后，进入巴黎道桥学院就读了两年获工程师学位，再至巴黎国立高等美术学院深造。1968年毕业后，随即获得国家建筑师文凭，并以总工程师身份加盟巴黎机场公司，1979年成为巴黎机场公司建筑及工程部总监。Andreu参与设计的机场遍布全球，包括马尼拉、阿布达比、雅加达、开罗、文莱、上海和巴黎等地的机场，总数不下50座。

几乎与机场建筑师画上等号的Andreu，一生中最重要的作品，据他说不是机场，而是剧院——北京国家大剧院。从1999年赢得竞图，至2007年国家大剧院落成期间，Andreu几乎每个月都要飞往北京一趟。不在工地时，他会去大街上溜达，在胡同里穿梭，品尝中国美食，而川菜是他的最爱。然而这8年来，有关国家大剧院方案的位置、高度、形式、中国特色，以及成本造价等诸多争议始终未断。2004年5月，更因为戴高乐机场航站楼发生塌陷事故，使Andreu再次身陷舆论风暴中；虽然事故调查结果显示，坍塌和Andreu的设计没有直接关系，但对他来说无疑是人生的一大打击。

一生都在为建筑打拼的Andreu在《国家大剧院》一书中提到，他从尚未了解建筑师这门职业时就选择了它，他说："这是个有难度并且苛求的职业，它会霸占你的生活，会带来短暂的欢愉，有时也不免有许多失落。对于不确定自己究竟要做什么，只想以最快方式赚到最多钱的年轻人而言，建筑师并不是一个令人羡慕的职业。但是如果你愿意完全地投入其中，它也会给你的生命带来意义，焦躁将会恢复平静，沮丧渐被遗忘，欣喜不再是必要的时刻，会有与世界融为一体的幸福时刻。"

National Centre
for the Perfoming Arts

北京国家大剧院

Architects：Paul Andreu

Location：北京·中国

Completion：2007

　　被戏称为"水煮蛋"的北京国家大剧院，外形相当简洁，半椭圆球状，四周有如护城河般的水池环绕。半椭圆外壳以透明玻璃和钛金属板阴阳相间，再和水中倒影虚实相应，竟成了一个完整的椭圆。这剧院可真不小，长轴212.2米，南北短轴143.64米，沿着池子绕剧院一圈，看不出有正面或背面，也见不着大门，更不见水池上有任何通道可以通往剧院。原来，盛装打扮前来观看表演得从水池下方穿过。当然不会弄湿衣服！那是一条长达59米的玻璃通道，池水从顶上流过，挺有意思。

半椭圆外壳以透明玻璃
和钛金属板阴阳相间，
再和水中倒影虚实相
应，竟成了一个完整的
椭圆

剧院占地近12万平方米，总建筑面积21.75万平方米，主要设施包括歌剧院、音乐厅、戏剧院、商店、展览馆和餐厅等。剧院选址在人民大会堂旁，是1958年当时担任国务院总理周恩来的提议。周恩来当时批示剧院的地点"在人民大会堂以西为好"，但提出时正值中国经济窘困，兴建方案一直未能实施。直到1997年10月，中央政治局常委会决定建设国家大剧院，隔年开始向国际征求剧院的设计方案。来自10个国家36个设计单位的69个方案，经过两轮竞赛、三次修改后，1999年7月决定采用法国建筑师Paul Andreu的方案。剧院自2001年底正式动工，土木建设在2003年底就已完工，但内部硬件建设与装修耗时，直到2007年9月才正式启用。

前来剧院观看表演得从水池下方穿过，却不会弄湿衣服！那是一条长达59米的玻璃通道，池水从顶上流过

剧院总建筑面积达
21.75万平方米，主要
设施包括歌剧院、音乐
厅、戏剧院、商店、展览
馆和餐厅等

早在巴黎戴高乐机场惨剧发生前，设计新颖的蛋形剧院便引来了褒贬不一的评价。而在抱怨声浪不断的情况下，官方下令高度必须低于邻近的人民大会堂。此举让批评人士颇为得意，却让工程师们大伤脑筋，因为要符合政府的严格限制，就必须要挖出规模空前的地基。剧院地下深度达32米，相当于10层楼深，而天安门广场下方仅18米处就是一层地下水。为了不影响天安门周遭所有建筑物的地基，铺地基板材的同时必须进行防水与抽水工作。工人们动用28台抽水机，每天吸出50多万加仑的水，使地下开挖工程得以顺利完成。

此外，148个拱架也是个艰巨工程，拱架的搭建得先计算出临时支撑架卸除后所产生的高度变化，让误差值降到最低，其次是两万片钛金属板的安装格外费工，得靠数十名工人徒手接力将它传递至正确的位置。这原本就是个艰困的工程，在戴高乐机场惨剧发生后，不安的官方更是严密监控每个施工阶段，直到调查小组宣布机场的坍塌与设计无关才稍作安心。

"一个单纯宁静的外壳，里头孕育着充满灵性的生命。"这是Andreu对北京国家大剧院所下的注解。孕育需要时间，建筑被认可也需要时间。尽管建造过程中，许多人对Andreu提出种种质疑，但他相信自己的作品慢慢会被众人所接受。

I. M. Pei

贝聿铭

让光线来作设计。

设计理念

秉持现代建筑的传统，以简单的几何造型将建筑形体抽象化，并在形式、空间、建材和技术领域进行探索。

代表作品

1978｜美国国家艺廊东厢｜华盛顿特区·美国
1989｜罗浮宫扩建工程｜巴黎·法国
1989｜香港中国银行大厦｜香港·中国
1996｜Miho博物馆｜京都·日本
2004｜德国历史博物馆｜柏林·德国

荣获奖项

1979｜美国建筑师协会金奖
1983｜普利兹克建筑奖
1989｜高松宫殿下纪念世界文化奖

贝聿铭祖籍苏州，1917年在广州出生，次年父亲出任中国银行香港分行总经理，举家迁至香港，10岁时再度随父亲调职至上海。贝聿铭是贝家长孙，每年夏天，住在苏州的祖父都会要他回老家去。贝聿铭对苏州印象最深的是，和堂兄弟们在私家园林"狮子林"玩耍，这些儿时经验无形中影响了他往后的设计生涯。从小在香港长大的贝聿铭，对上海的繁华生活并不感到多大惊奇，倒是一栋比一栋高的新盖楼房深深吸引着年少的贝聿铭，从那一刻起，他开始想当建筑师。

17岁时，贝聿铭前往美国宾州大学攻读建筑。当年宾大建筑系的课程全盘沿袭19世纪的巴黎布杂学院系统，学生们得有很好的绘图本领才行。贝聿铭自认专长在数理，在宾大仅待了两周便转至麻省理工学院改学工程。当时麻省理学院的院长特别关注贝聿铭，觉得他有设计方面的才华，就力劝他再回头学建筑。贝聿铭听从院长的建议重回建筑系，于1940年取得学士学位，1942年再至哈佛攻读建筑硕士学位。1946年贝聿铭自哈佛毕业，原本打算回国，但中国开始内战，父亲要他留在美国，这一留便是60个年头。

自哈佛毕业后，贝聿铭返校当了两年讲师。31岁那年迁居纽约，在一位房地产开发商威廉·齐肯多夫（Willam Zeckendorf）门下工作，一待就是12年。贝聿铭原本想跟齐肯多夫学些房地产开发经验，但出乎他的意料，齐肯多夫的想象力丰富，勇于尝试新事物、新思想，贝聿铭从他身上学到了许多，也透过他结识了不少政界人士，对后来的发展帮助甚大。

1958年贝聿铭创立自己的事务所后，没多久受肯尼迪夫人杰奎琳之托设计了肯尼迪图书馆。这个案子对贝聿铭来说是个转折点，不仅让他跻身上流社会社交圈，还为他赢得许多重要建筑案——华盛顿特区国家美术馆东厢、香港中国银行大厦，及至今仍备受赞誉的罗浮宫扩建工程。1983年贝聿铭获颁普利兹克建筑奖。

1989年在事业轨迹到达顶峰之际，贝聿铭退出自己一手创建的事务所，第二年宣布退休。闲不住、追求完美、热爱学习的贝聿铭，退休后仍接手几个过去事务所不会承接的小型个案。他常说："利用70%的时间来做必须要做的事，以便有30%的时间做喜爱做的事。"这些个案规模虽小，业主可都有着很高的野心，致使年事已高的贝聿铭得以尽情地做他"喜爱做的事"，而依然有精彩杰出的表现。

East Wing , National Gallery of Art

美国国家艺廊东厢

Architects：贝聿铭

Location：华盛顿特区·美国

Completion：1978

1978年开幕轰动华府的美国国家艺廊东厢，30年后仍是魅力不减。来这里的人，有些是为了看展，有些是排遣假日前来逛逛，还有像我一样，坐飞机从大老远跑来，为的是看建筑。

美国国家艺廊是富豪Andow Mellon捐赠给国家的美术馆，Mellon是美国的铝业巨子，匹兹堡的银行家，曾担任过财政部长。1936年圣诞节前夕，Mellon在白宫图书馆和罗斯福总统喝茶时，表示愿意将个人的艺术珍藏全数捐出，并出资兴建艺廊。没多久，国会就批准宾州大道东端的一块土地作为馆址。Mellon看准未来有扩建需要，在协议书上约定国会必须保留旁边的一块沼泽地，也就是后来的东厢用地。

当年贝聿铭在一张信封背面上的建筑线稿随笔，信手捻来的设计灵感，向来就为崇拜他的贝迷们所津津乐道

国家艺廊该以什么类型呈现？当时现代主义已在全美展开，但在华府具国家象征意义的权力核心区里，Mellon认为古典风格是唯一可行的形式，因此找来古典派建筑师John Russell Pope担纲大任。1937年8月，国家艺廊开工后的两个月，Mellon因病过世。1941年，国家艺廊落成。20多年后，Mellon的儿子Paul Mellon，一方面担心预留的那块地被有心人士挪用，另一方面，艺术欣赏逐渐成为人们的重要休闲活动，因此决定扩建艺廊，并将筹划工作交由馆长J. Carter Brown负责。Brown颇具野心，艺廊扩建正好可以让他大展身手。他需要一名建筑师能够突破险棘的政治压力，方能完成一座宏伟的现代化艺廊。

1967年，Brown取得12位建筑师的作品供董事会筛选，筛到最后剩下Louis I. Kahn、Philip Johnson、Kevin Roche和贝聿铭4位，其中贝聿铭的作品最被看好。为慎重起见，Mellon、Brown和另一名董事会成员，搭乘Mellon的私人飞机去看贝聿铭的几个重要作品。每到一站，贝聿铭获选的机会就升高一些，因为每栋建筑都能证明贝聿铭有能力解决国家艺廊的扩建难题。最关

在艺廊中庭的电扶梯、天桥、平台间穿梭，看着阳光由天窗渗入所产生的光影变化，体验层次感丰富的空间

贝聿铭用简单的几何造型将建筑形体抽象化，既烘托了周遭的古典风格建筑环境，又有自身的高雅格调

键的是国家大气研究中心，这座建筑有纪念意味却还能让使用者感到自在，这可不容易。Mellon看了之后对Brown说："我印象深刻。"Brown知道就是贝聿铭了。

东厢基地呈梯形，北侧临宾州大道，南侧是华府最大的开放空间——The Mall，东接第三街遥望国会山庄，西侧隔着第四街与老馆相对。这么特殊的基地实在伤人脑筋，但贝聿铭更担心的是象征意义；要在国会山庄和白宫之间，全美国最敏感、最庄严神圣，有诸多纪念性建筑的地带，插入一座具时代意义的现代化美术馆，这可是个大难题。

还好，贝聿铭抗压能力极强，压力愈大，限制愈多，愈能激发他的创作灵感。获选后不久，在飞回纽约的途中，贝聿铭灵感一来，拿出一张信封，在背面画了一个梯形，再画条对角线，分割出一等腰三角形和一直角三角形，前者作为艺廊，后者是研究中心，东厢雏型就这么诞生了！过程看似随兴，其实是经过脑力再三琢磨的。

大问题解决了，但作为一个艺廊，贝聿铭认为展览环境很重要，不仅要考虑经常光顾的艺术家、学者、艺术爱好者，更要照顾仅是前来逛逛的人们，或随父母到来的小朋友，因为他们将是未来的常客。贝聿铭说，早年他常在周末带着孩子去逛博物馆，小孩不爱去大都会博物馆，比较喜欢去莱特设计的古根汉博物馆，原因是那里的中庭宽阔，还有螺旋坡道可以跑来跑去。因此，当有机会设计国家艺廊时，他想到的是一个亲切、舒适、动人的展览环境，他不希望来馆的人离开之后，满脸疲惫，或根本不想再来。

贝聿铭在等腰三角形的三个角安插六边形的展览室，大小足以让观赏者消化所有展品。艺廊和研究中心间以一个三角形的中庭结合，是全馆精华所在；高达80英尺，面积达1.6万平方英尺；光亮的天窗底下，悬吊着随着气流旋转的活动雕塑，是大师Alexander Calder的作品，这可是在建筑尚未完成时，贝聿铭就已安排好的。访客在中庭的电扶梯、天桥、平台间穿梭，体验多层次空间，看着阳光由天窗渗入所产生的光影变化，稍作休息，再继续看展，一点也不觉得疲惫。

东厢正对老馆的那一个立面呈"H"型，艺廊和研究中心的出入口都在这一面，前者较大，后者较小，访客不易搞混。东西两厢，地面靠广场联结，地下借廊道相通。广场上有7座大小不一的玻璃金字塔，既是广场上的雕塑品，也是地下廊道的天窗。东厢外墙采用和西厢相同的田纳西大理石，为此，当年负责西厢矿石的Malcolm Rice，在退休35年后近80高龄之际，重开荒废的采石场。西厢的大理石厚1英尺，为节省开销，东厢以3英寸厚的大理石包覆砖墙，施工之精细，连工人都引以为傲。不可思议的是，研究中心那107英尺高、仅19.5度的石材转角，总是让人忍不住想摸它一下。所幸，施工质量没话说，只是会被摸黑而已。

贝聿铭的才智过人，有极强的理性分析能力，情感不外露，要求完美，这些人格特质在东厢作品中表露无遗。他巧妙地将局限性极大的基地条件转为创意来源，以简单的几何造型将建筑形体抽象化，既烘托了周遭的古典风格建筑环境，又有自身的高雅格调。更重要的是，他为美国当时的公共建筑找到一条现代化的出路。

Deutsches Historisches Museum

德国历史博物馆

Architects：贝聿铭
Location：柏林·德国
Completion：2004

博物馆西南角的透明螺旋梯，造型十分新鲜有趣，也替原本阴暗的城市角落注入一股活络的强心剂

德国历史博物馆扩建工程是贝聿铭在德国的第一件作品，1995年他接受德国总理科尔邀请接下此案时，其实已从自家公司退休。只是向来精力充沛的贝聿铭，实在过不惯悠闲的退休生活，没多久又开始动了起来，手边几项设计案都在国外，据他说是因在美国待了40多年，想多了解世界其他地区。

原本博物馆这一带既幽暗又无人影，贝聿铭于是决定新馆必须是透明的，如此既可反映里面的活动，又可吸引外面人的目光

　　德国历史博物馆旧馆位于柏林一条主要道路旁，原本是一座军火库，建于1730年，为当时德国北部最好的巴洛克建筑。1880年曾有过一次整修，外墙上添了许多雕塑，自此军火库改为武器博物馆。第二次世界大战末期，柏林遭轰炸，该馆严重毁损，之后又经一翻大整建，东德时期武器博物馆再次改为历史博物馆。

　　扩建的新馆在旧馆后方，东侧是老旧房舍，另三边皆为狭窄巷弄。新旧两馆隔着巷道，以地下道连通。比起贝聿铭设计的其他博物馆，新馆设计案算是小多了，基地位置又隐蔽，什么样的建筑适合这里？要像这块地一样隐蔽呢？还是做些弥补？接案那一年冬天的某个晚上，贝聿铭在附近听完音乐会出来，看到博物馆这一带既幽暗又无人影，当下就决定新馆必须是透明的，而且是昼夜通明。

　　透明的建筑可以反映里面的活动，吸引外面人的目光，可是陈列品是不能见光的，怎么办？贝聿铭以他擅长的几何手法将建筑体分成两部分：一为不透明实体，呈三角形块状，以石材覆

盖，内部为展览空间，共有4层，层与层之间的连接方式各不相同；另一为透明虚体，在三角形实体南侧，以玻璃包裹，内部是挑高3层的大厅，宽敞明亮，充满动感，游客在楼梯、电扶梯、天桥、走廊、平台间穿梭，一旁还有大片弧面玻璃将旧馆的18世纪巴洛克风格建筑墙面引进，让新旧时空交错重叠。

新馆近乎隐身在旧馆后方，唯独西南角的透明螺旋梯从大街上约略可见，尽管低调，但对柏林人来说，这座透明玻璃屋可是新鲜有趣，有机会都想来瞧瞧，也因此，原本阴暗的城市角落像注入强心剂般重新活络起来。

博物馆层与层之间的连接方式各不相同，还有大片弧面玻璃将旧馆的18世纪巴洛克风格建筑墙面引进，让新旧时空交错重叠

博物馆的设计灵感是来自日本江户时代的木结构农舍，贝聿铭将博物馆的80%埋藏在坡地下，坡地上覆土还原植栽

块色泽略显不同，用在墙上，宛如一张漂亮的壁毯。展示空间多数在地底下，展品有青铜器、珠宝、丝织品、雕塑、中国名画和日本茶道器皿等。大部分以人工照明，少部分如石雕，有光井将日光引入。

在山林里盖博物馆有许多法令限制，设计者也许会觉得绑手绑脚，创意难以发挥。可对贝聿铭来说，少了那些限制还真令他有些担心，深怕一不小心就破坏了环境的生态与和谐。贝聿铭不是个天马行空的人，限制愈多，愈能显出他超越常人的理性思考和解决问题的能力。当然，他也绝不是只顾理性而缺乏感性的人，他的感性是深藏在理性之中，就像这座博物馆给人的感觉。

SANAA
Kazuyo Sejima+ Ryue Nishizawa

妹岛和世＋西泽立卫

坚持一种不可能的理念，
完全把它作为建筑的根据或重点呈现出来，是陈旧、过时的。

设计理念

妹岛对设计没有多余的理念和说法，总是如实地说一些再平凡不过的设计过程，追寻建筑的本质和合理存在。西泽较富诗意。

代表作品

2003｜迪奥旗舰店｜东京·日本
2004｜金泽21世纪美术馆｜金泽·日本
2006｜矿业同盟设计与管理学院｜埃森·德国
2007｜纽约新当代艺术馆｜纽约·美国

荣获奖项

1996｜日本建筑师协会奖
2004｜威尼斯双年展建筑金狮奖
2010｜普利兹克建筑奖

妹岛和世与西泽立卫是日本建筑新生代中相当受瞩目的一对双人组。妹岛出生于1956年，1981年取得日本女子大学硕士学位，随即进入伊东丰雄事务所，在那里工作了6年，之后成立个人事务所。妹岛虽独自开业，但偶尔还是会回伊东的事务所，因而认识了还在横滨大学念书的西泽。那时伊东的事务所员工多达30人，小妹岛10岁的西泽很难有机会和伊东交谈，熟识妹岛后，他选择了妹岛，当时妹岛的事务所只有她一人。

妹岛和西泽于1995年合作成立SANAA事务所，不过妹岛的个人事务所仍继续运作，而西泽也在1997年成立了自己的事务所。两位主持人，三间事务所，同时运作，彼此关系紧密，相互扮演批评者的角色。2004年，SANAA以金泽21世纪美术馆获得威尼斯建筑双年展金狮奖，2010年，妹岛和西泽更是摘下了普利兹克建筑奖桂冠，评审团对其作品的评语是："截然不同于那些视觉爆炸式或过于修饰的作品，相反，他们始终追寻建筑的本质，这种追求赋予他们的作品以率直、经济和内敛的特征。"

妹岛是继Zaha Hadid之后的第二位女性普利兹克建筑奖得主，同样是女性，但两人的个性截然不同：Hadid外放，妹岛内敛；Hadid满是情绪性的表现，妹岛则是让人看不透她的情绪；反映在作品上亦是如此。妹岛甚至将个人情感从作品中抽离，不让作品带有强烈个性而逼迫使用者接受，妹岛关注的是人们在里面的生活行为，而非如何表现建筑。妹岛说："小时候想当个老奶奶，她们坐在走廊里享受阳光，看上去幸福而轻松。"

妹岛的设计没有多余的理念和说法，常有访问者想从她口中得出一些"大道理"，但她总是如实地说一些再平凡不过的设计过程，好比组织所有条件、不断地探索、找寻各种可能性、做模型再三推演，问者只好换个方式再问，结果还是一样。妹岛认为："坚持一种不可能的理念，完全把它作为建筑的根据或重点呈现出来，是陈旧的，是过时的。"

西泽说，妹岛不是个空想家，她所想的都是合理存在的，而妹岛也说，西泽充满感情，比她更富有诗意。尽管两人都有理性和感性的一面，但其作品往往超越理性和感性，而散发出一种西方建筑少有的东方禅意。只不过这禅意仍是在严密的理性思维下产生，和灵性还是有些差距，因此仍归属理性类。

Zollverein School of Management and Design

关税同盟设计与管理学院

Architects：SANAA
Location：埃森·德国
Completion：2006

关税同盟设计与管理学院，位在德国鲁尔工业区第12矿区内。鲁尔工业区曾经是欧洲最大的矿区，19世纪中叶，有多达300余家煤矿厂在此运作。第二次世界大战结束，德国经济的迅速崛起仍得益于鲁尔工业区的煤钢工业。到了20世纪60年代，随着全球化加速，鲁尔工业区挖掘出的煤炭在国际市场上逐渐丧失了价格优势，矿厂一家一家被迫关闭。成立于1932年，有着包浩斯建筑语汇的第12矿区，也在1986年吹起了熄灯号，正式停止运营。

建筑外形相当简单，接近正方体，混凝土墙面上看似随机散落的134个大小不等的方形窗，打破了方块的规矩，多出了律动感

20世纪80年代，鲁尔工业区尽是一些废弃的厂房和设施，生气勃勃的工业城市景象不复存在。1989年，德国政府成立了"国际建筑艺术展"组织（IBA），开始一连串的重建与再生工作，透过国际竞图遴选国际级的建筑大师，重新为鲁尔地区注入新生命。日本建筑双人组妹岛和世及西泽立卫（SANAA）设计的"关税同盟设计与管理学院"即是其中一项计划，也是该矿区近50年来的第一座新建案。此外还有Norman Foster的红点设计博物、Rem Koolhaas的鲁尔美术馆等再生工程。

SANAA设计的这栋建筑，外形相当简单，接近正方体（长宽均为35米，高34米），色泽浅灰，看不出楼层数，实际上是5层，每层高度不等。特别的是，混凝土墙面上看似随机散落的134个大小不等的方形窗，打破了方块的规矩，多了一些律动，使原本厚重、坚硬、封闭感的墙体变得轻薄、柔和与通透，和厂区保留下来的深褐色系老厂房，以及锈蚀的机械设施形成强烈的对比。

每个楼层均为开放式平面，使用者可依各自需求布置平面。1楼除了入口大厅，还有演讲厅、展览厅和咖啡座；2楼为工作室；3楼是图书馆和研究讨论教室；4楼由玻璃墙分隔成几个大小不同的空间，环绕着天井，作为办公或其他用途使用。5楼为露天花园，顶上也延续墙面的开口规律，挖了三个大洞。

每层楼将近7米高，没有隔墙的偌大空间，仅见两根细长的柱子，所有管线、配件以及其他科技物件全都隐藏在墙体及楼板内。不规则排列的窗孔将人的视线引到窗外，林叶密布，绿意盎然，还有被窗框框住的废弃工业设施，像一幅画作陈述着过往的兴衰，内部空间因此显得纯净又带点诗意。整座建筑可说是在一个理性的框架下，含藏了感性层面，这种诗意特质在妹岛和世与西泽立卫的作品中经常出现。

New Museum of Contemporary Art

纽约新当代艺术馆

Architects：SANAA
Location：纽约·美国
Completion：2007

小朋友玩"叠叠乐"，一不小心积木就倒了；大人玩"叠叠乐"，就是有办法让它不倒，当然，大人玩的未必是小积木，也可能是大房子，就像2007年完工的纽约新当代艺术馆。成立于1977年的纽约新当代艺术馆，主要收藏来自世界各地的当代艺术品，是纽约市曼哈顿下城最重要的艺术馆。已有20至30年历史，自然不能算新，其实"新"是它的名字，有创新之意，而非新旧的新。

由于收藏作品愈来愈多，馆内空间早已不敷使用，经过几次搬迁，馆方终于决定将旧馆出售，并选择在曼哈顿下东区Bowery另建新馆，于2002年举办了一场竞图，由妹岛和世及西泽立卫（SANAA）所提的方案胜出。2007年12月1日，也就是艺术馆30周年纪念日当天，新馆正式对外开放。

SANAA巧妙地运用6个"盒子"，像小朋友玩"叠叠乐"那样向上堆叠，创造了一个前所未有的建筑外观

新馆所在的下东区是早期低收入移民汇集的地方，附近房屋低矮老旧，和一般人印象中摩天大楼林立的曼哈顿截然不同。来自日本的妹岛和西泽初次到基地现场探勘时，对周遭残破的景象着实有些震惊，但同时他们也从中萃取一些概念，并将它结合到设计上，那就是"敞开心胸，毫无偏见地接受一切"。

接受是相和，但不表示相同，也就是所谓的"和而不同"。"和"的是，新馆一开始就不打算走精致路线，包括所用的材料和馆内的设备、装修、陈设等，有些甚至可以说是粗糙的；也因此，反倒让人觉得亲切。"不同"的是，新馆就这样优雅、神态自若地矗立在局促凌乱的老旧街廓上；受限于环境，却不被环境所限。

21.7米宽，34.2米长的临街基地，为了避免建造出一座单调、黑暗、密不透风的建筑，SANAA巧妙地运用6个"盒子"，像小朋玩"叠叠乐"那样向上堆栈，不仅创造了一个前所未有的建筑外观，还利用没有重叠的部分来开天窗，让展览空间有了良好的自然光源。6个盒子大小不等，高度也不尽相同，其"摆放"看似随意，其实是经过无数次的试验才定位的。

新馆一开始就不打算走精致路线，包括所用的材料和馆内的设备、装修、陈设等，有些甚至可以说是粗糙的

新馆从外观上看共有6个盒子，实际总楼层数则是地上8层和地下1层。盒子不用柱子支撑，方便展览空间灵活运用。一楼临街面是4.6米高完全透明的玻璃幕墙，里外一样没有柱子，因此"叠叠乐"看起来是悬空的。为了不让窗孔破坏了盒子的整体感，以及让盒子有更轻盈的外观，SANAA在盒子外覆盖一层薄纱般的铝网，它会随着阳光照射强度、时间和天气的不同，而有银、灰、白多种颜色变化。

地下1楼有一座182个位子的剧院。1楼大厅除了有售票处、开放式画廊和小型咖啡座外，还有一片和外墙类似的铝网制成的曲面隔屏，被用来隔开礼品区。2、3、4楼是展览空间；5楼是教育中心；6楼是办公室；7楼是多用途空间，户外有个阳台，可俯瞰曼哈顿景观；8楼是机械室。

"美丽而粗糙"是妹岛和西泽在了解整个案子的预算、地理位置和业主的种种条件后所采取的设计方向。他们试图将"美"隐藏在粗糙的物质构件中，因此最终呈现在人们眼前，也是当地环境所欠缺的，是那若有似无的一种难以言喻的诗意。

Towada Art Center

十和田现代美术馆

Architects：西泽立卫

Location：十和田·日本

Completion：2008

为了刚开幕的十和田现代美术馆，选在樱花季末前往日本东北，虽说看建筑，但也期待能见到樱花。还好到了十和田时，樱花还盛开，在美术馆的白色体块衬托下，真不知要先赏花，还是先进馆呢！

这是妹岛和世的搭档西泽立卫独立设计的作品，位于十和田市中心的一条主要街道旁，它是市府于2005年所拟订"Art Towata"计划中最具代表性的一项工程。"Art Towata"计划以艺术和振兴都市计划为主旨，以"城市随处可以看见艺术"为目标，将市内主要街道，也就是美术馆所坐落的这条长达11.1公里的街道空间，全部化身为公共艺术区，并借由举办大型艺术活动，邀请艺术家驻市创作，带动市民积极参与艺术。

十和田现代美术馆艺术
广场前，站着一匹由韩
国艺术家崔正化创作的
《花马》装置，缤纷艳
丽的造型和纯白色的美
术馆建筑形成强烈对比

22
–
理性

櫻花季末的日本东北，在十和田现代美术馆的白色体块衬扑下，充满诗意

　　有别了传统美术馆单一的大体量空间，西泽将演讲厅，工作室、咖啡厅、图书馆、小区活动公间和展览空间等所需的建筑体量，打散成16个大小不等的方盒块体，再借由透明玻璃走廊将这些看似随意散落在街边的个体串连起来。西泽希望逛美术馆能像逛小镇那样有趣，可以自在地穿梭其间，到处串门子；屋内逛累了，还可以走在玻璃廊道上看看外面的街景，或上楼顶俯瞰樱花树海；在不经意穿过小院落时，抬头一瞥，两片外墙间森北伸的逗趣装置艺术，正等着你来造访并给予会心的一笑。

　　美术馆展出的内容多属常设展品，包括澳洲超现实主义艺术家Ron Mueck等20多位知名当代艺术家的作品。西泽让这些风格迥异的展品有各自独立的展览空间，并在每个沿街面的展览厅中都留下一大片落地玻璃墙面，让街道上的来往行人在樱花树下亦能随意地观赏艺术橱窗，这也符合了"Art Towata"计划"随处可以看见艺术"的目标。十和田美术馆没有耀眼的形体，也没有炫目的色彩，仅是默默地扮演其称职的角色，既是艺术展品的最佳衬垫，也是美丽街景的极佳布景。

在美术馆院子内漫步，
不经意抬头一看，会发
现撑在两片外墙间的逗
趣装置艺术，那是日本
艺术家森北伸的作品
《狩猎者和空中飞人》

Part4 觉性

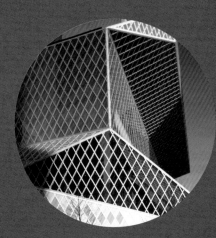
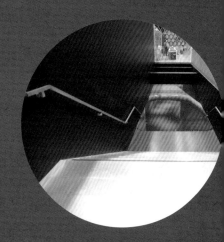

Rem Koolhaas

Thomas Heatherwick

Toyo Ito

Wang Shu

觉性的试炼

觉性的建筑并非远离美感，
它的美是一种有难度的美，
其中有物性的质朴纯真而非矫揉造作，
有理性的平衡稳定但不会枯燥乏味，
能触动人的感官，却是让人有感而不伤。

理性虽可平衡感性所带来的困扰，却可能受限于个人的理念、想法、执着或习性。譬如家里要装潢，我们到处打听设计师，看似理性的行为，结果却要设计师完全依照我们的想法来做；再三比价，最终找到的所谓合理价，也不过是我们能够接受、对我们有利的价格；上网查到一些数据就当自己知道很多，还回过头来怪设计师不够专业；当我们的提议不被接受时，就说对方不讲理。

我们的习性会在理性运作过程中突然出现，不愿接受批评，听不进别人的话，也就很难做到真理性。我们自认理性，却常被习性带着走，而这样的问题也可能出现在建筑师、设计师身上。因此，人的理性未必看得见事物的全貌，这时就需要觉性来引领。觉性是超越物性、感性和理性，有较大的观察力和关照面，不受知识、资讯、思维、潮流、规矩所限，能洞察一般人洞察不到的地方，又有足够的能力与勇气面对世俗的眼光，做别人做不到的事。

觉性带有反思、自省的层面，得先承认自己的不足，才能找出问题、面对问题和解决问题。找出问题需先

打破习惯，谁说房子一定是方方正正的，扭曲的难道不行吗？不是说扭曲的房子就一定比较好，也许只是任性而已，谈不上觉性，但"打破"确实是个方法。打破后，重新思考，接受检验，或许不能立即获得改善，却具有启发作用，开拓新局，发现更多的可能。

觉性的建筑并非远离美感，如Thomas Heatherwick设计的上海世博英国馆，它的美是一种有难度的美，其中有物性的质朴纯真而非矫揉造作，有理性的平衡稳定但不会枯燥乏味，能触动人的感官，却是让人有感而不伤，又能将人带入一种前所未遇的境地中，体验接近善的更高层次美感。

———

代表建筑物

鹿特丹当代美术馆

西雅图公共图书馆

上海世博英国馆

仙台媒体中心

宁波博物馆

中国美术学院象山校园一、二期工程

Rem Koolhaas

雷姆·库哈斯

好建筑是理性的，同时也是非理性的。

设计理念

设计前先让自己归零，忘掉自以为知道的东西；针对个案，再次检验、反思既有的想法、做法，找出真正合适、最佳的解决方法。

代表作品

1992｜鹿特丹当代美术馆｜鹿特丹·荷兰
2004｜西雅图公共图书馆｜西雅图·美国
2008｜CCTV央视大楼｜北京·中国
2015｜台北艺术中心｜台北·中国

荣获奖项

2000｜普利兹克建筑奖
2003｜高松宫殿下纪念世界文化奖
2005｜密斯·凡·德罗奖

2000年的普利兹克建筑奖得主Rem Koolhaas，是个对理论及文学感兴趣的建筑师。他大学念的是新闻采访专业，毕业后一两年才开始对建筑感兴趣，之后便赴伦敦AA建筑学院学习建筑。Koolhaas当过《海牙邮报》记者，也写过电影剧本，还出版了《错乱的纽约》（Delirious New York）、《小、中、大、特大》（S, M, L, XL）等深具影响力的建筑书籍。他说设计建筑有时像是在写剧本，都是关于张力、气氛、节奏，以及在空间中有流畅的表现。

Koolhaas的童年过得并不平静，1944年他出生于鹿特丹，第二年"二战"结束，鹿特丹几乎被德军夷为平地。8岁时举家搬到印度尼西亚，由于该国刚独立没多久，所有事物都在变动，眼前所见一片凌乱。但他觉得那种混乱的状态特别生气蓬勃，如那里的市场，所有的买卖、讨价还价都在露天进行。Koolhaas说任何有过那样经验的人，都会觉得这种像是消毒过了的购物中心没有吸引力。在印尼住了几年，当Koolhaas回到荷兰时，所有东西都变得井然有序、整齐清洁，他形容就像今天许多城市一般"非常无趣"。

擅长于思考的Koolhaas，于1975年在伦敦创立OMA建筑事务所，十几年后又在纽约成立一家AMO研究公司；前者着重建筑实务，后者偏重建筑概念与思想研究。他说OMA与AMO同时并行，让他们能够有系统地思考，而不需要立刻将房子盖出来，自由度较高。每当着手一项新计划案，Koolhaas会尽可能地让自己从无到有，也就是忘记一切自以为知道的事物。对Koolhaas而言重要的是"自我质问"。在设计过程中，他常会处于一种"反思"的状态，甚至不知道自己最终会不会产出有道理且清楚的东西。

Koolhaas对建筑的内容及结构感兴趣，但不表示他的作品就偏向于理性，他说好建筑是理性的，也同时是非理性的。Koolhaas还说一个有生命力的都市，同时需要有规划的部分和不规划的部分。实务与研究、理性与非理性、规划和不规划，Koolhaas让相对的两面并存成为一体，不是要将其混成中性，他感兴趣的是其间的复杂性，并制造出一种必要的张力，甚至可能呈现出一种模糊的美、不确定的美、有张力的美或摆动的美。Koolhaas说他的人生目标很简单，就是不断地思索建筑可以是什么样子，同时思索自己可以是个怎样的人。

Kunsthal Rotterdam

鹿特丹当代美术馆

Architects：Rem Koolhaas

Location：鹿特丹·荷兰

Completion：1992

　　鹿特丹当代美术馆由Rem Koolhaas的团队OMA所设计，盖在市区的快速道路旁，来往交通十分频繁。美术馆从正面看好像只有1层楼，其实那是第3层，底下还有2层，因基地前后有6米的高差，旁边有一座博物馆，后面的博物馆公园（Museum Park）也是OMA设计的。博物馆公园和快速道路之间，有一条斜坡道从美术馆中间穿过，底下与快速道路平行还有一条车道经过。

　　整栋建筑从远处看并不亮眼，走近却发现趣味不少。快速道路这一侧的最上层，一边的平台与街道脱开30厘米左右，留出一道缝隙，让人很想蹲下来看看究竟，这才知是架高在斜坡之上。平台上有4根柱子，形状不一，有方有圆，有实有虚，有粗有细。主入口要从

美术馆内部空间的材料混搭，精致的石材，粗糙的镀锌铁栏栅，随兴的波浪状塑胶板，打破我们以往的空间和视觉体验

中间那条坡道进去，以为不过是个通道；走近看，左右两面墙并非平行，柱子也不是每根都笔直，屋顶斜切，只遮一半，整个空间有一种穿透性，似乎要将人带往另一个出口端，而美术馆的售票及主入口就侧身在坡道旁。

鹿特丹当代美术馆主要用作艺术交流与展示，每年会有20多场包括服装设计、珠宝、摄影、工业产品等多种现代创作的主题展，美术馆本身并没有艺术典藏。里面有3个主要展示空间，可合并或做个别使用。此外还有一个演讲厅，塑料座椅五颜六色，地板是个大斜面，连柱子也是斜的，还好大片玻璃窗框方正让人可以抓取平衡。演讲厅底下是餐厅，天花板自然也是斜的，地坪和外面等高，设有户外座椅，有独自的进出口。

　　外观看似方整的美术馆，内部空间其实有些复杂，不过，访客在一连串的缓坡引导下，感觉不出那样的复杂性，只觉多变有趣。不仅材料混搭，精致的石材，粗糙的镀锌铁栏栅，随兴的波浪状塑料板，也和我们以往的空间体验、视觉经验不太一样！该是水平的，它却做成斜的；该是合在一起，它却脱开；该是不透的，它却做成透的；该是正的，它却是歪的；该是相同的，它却不同。

　　我们的脑海里都有许多"应该"，房子该如何，做人该如何，工作该如何，衣着该如何，但这些应该是否真的应该？或只是个人的偏执？抑或是经验积累又懒得检验其合理性的方便想法？Koolhaas对这些"应该"提出质疑，并将它反映到设计上，倒不是刻意与众不同。就像他说的，设计前他会先让自己归零，忘掉自以为知道的东西；针对个案，再次检验、反思既有的想法、做法，找出真正合适、最佳的解决方法。我们的生活不也可以是这样？

美术馆主要用作艺术交流与展示，每年会有20多场包括服装设计、珠宝、摄影、工业产品等多种现代创作的主题展

Seattle Public Library

西雅图公共图书馆

Architects：Rem Koolhaas
Location：西雅图·美国
Completion：2004

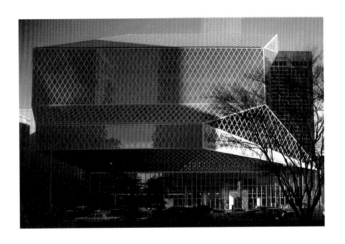

西雅图公共图书馆，单看外观就知道它非比寻常。说它感性，它其实并不美；说它理性，又似乎有点不合"常理"；那么是觉性？是否"悟"出了什么道理？没错，设计团队收集了大量资料、参观、研讨、采集民意，得到的结论是：在西雅图这样一个信息化城市里，图书馆不应只是一个收藏图书的地方，而是能与各种科技共生和鸣，并提供社交功能，像家里的客厅一样让人觉得轻松自在的场所。

因此，一走进图书馆，就看见明亮宽敞、挑高10米以上的大客厅——城市客厅，地上铺着印有花草图案的地毯。在这里可以一边看书、一边喝咖啡，或发呆、睡觉、想事情，甚至和朋友碰面、聊天，只要不大声喧哗都不会有人管。10楼的阅览室还可看山、看海、看城市美景。这样的图书馆吸引的不只是爱看书的

建筑师曾说西雅图公共图书馆开幕后能瞬间吸引大众注意，主要是透明的金属玻璃帷幕把城市的美都吸纳了进去

183

借书还书采用自动化服务，6楼到9楼是"盘旋式"书库，能容纳140万册书籍，以缓坡盘旋而上，让坐轮椅的身障人士也能方便存取书籍

人。馆内有400台电脑，任何人皆可免费使用，弱势族群、游民常利用它来找工作，还可免费无线上网，全馆每个角落都收得到讯号。

建筑计划是由委员会针对图书馆未来的运作方向，进行长达3个月的调查研究后所拟定的。这期间委员会召集了一些当地所谓的达官贵人进行研讨，他们的工作与生意多半和数字科技相关，所以他们多半不看好图书馆的未来，认为数字科技会让传统印刷品成为落伍无用的东西。不过，建筑师Rem Koolhaas认为，应该理智地把图书馆定位成一个不是与数字科技相抗衡的书籍城堡，不是为了保卫书本而放弃数字，而是要利用数字来提升书籍的价值。

图书馆造型奇特，从外观上很难看出总共有几层。因为建筑师从一开始就不打算以一般的楼层概念来做分割，而是将图书馆垂直区分成5个脱开错置、不同使用性质的空间单元，由下而上分别为停车场、工作区、会议室、书库和办公室。每个单元高度不等，有1层楼高，也有3层楼高。5个单元之间有4个夹层空间，分别当作儿童阅览、大厅、图书咨询和一般阅览使用。5个单元大小不等，垂直方向也不对齐，使得部分楼层挑高超过9米。

借书还书采用自动化，好让馆员有更多时间近距离地为民众做借还书以外的服务。通往4楼会议厅的走道采用非常显眼的红色，大厅里有一部荧光绿手扶梯可直达5楼的图书咨询区。6楼到9楼是"盘旋式"书库，能容纳140万册书籍，考虑使用者的便利性，以缓坡盘旋而上，占据了4个楼层，让坐轮椅的身障人士也可以很方便地存取书籍。而连续性的排列方式，不会因为书目的增加或减少，造成分类放置上的困扰以及使用上的不便。

2004年5月23日，图书馆开幕当天，有2.8万人涌入，之后每天都有将近上万人进出，还有来自世界各地的建筑参访团、图书馆考察团，馆方还安排专员为他们解说。Koolhaas说西雅图公共图书馆能够吸引那么多人注意，主要是透明的金属玻璃帷幕把城市的美都吸纳了进去。

通往4楼会议厅的走道采用非常显眼的红色，大厅里还有一部荧光绿手扶梯可直达5楼的图书咨询区

Thomas Heatherwick

托马斯·赫斯维克

当你的想法和别人不同，不代表全世界都对，
只有你是错的，也许是别人没有想到，没有去做。

设计理念
设计不该只有专家才看得懂，设计不用太复杂，设计不该失去力量，而简单会有力量，要做出让小孩都能看得懂的设计。

代表作品
2005｜卷桥｜伦敦·英国
2007｜东海滩咖啡屋｜汉普敦·英国
2010｜上海世博英国馆｜上海·中国

荣获奖项
2004｜英国皇家工业设计勋章
2006｜菲利普亲王设计师奖
2010｜莱伯金建筑奖

曾被英国《泰晤士报》评为"英国当代最具创意奇才"的Thomas Heatherwick，作品横跨建筑、雕塑、都市建设、产品设计等多项领域，2004年获得"英国皇家工业设计"勋章，2010年更因设计了上海世博英国馆，而成为建筑界注目的焦点。大家不免好奇这位被比成"现代达芬奇"的Heatherwick，他的创意灵感究竟来自何处？

1971年Heatherwick出生于伦敦，小时候就阅读爷爷的蒸汽火车书籍、工程书籍，想象力丰富的Heatherwick，立志要当设计师、发明家，而这一路走来，始终没有变过。小学阶段，Heatherwick常问老师"怎么做的、为什么"，同学因此给他取了个外号叫"how-why"。Heatherwick从小就很有自己的想法，当有人告诉他某某东西很特别时，他会先自行观察，而不是直接接受别人的看法。Heatherwick曾在《远见》杂志的一篇受访文中提到："当你的想法和别人不同，不代表全世界都对，只有你是错的，也许是别人没有想到、没有去做；所以，有好点子，就值得当下去实践。"

非建筑科班出身的Heatherwick，毕业于曼彻斯特工艺学校、皇家艺术学院。在曼彻斯特工艺学校，主修的是3D设计。"看到一件作品，就想摸摸它的材质，闻闻味道，想了解是谁做的、怎么做的。"Heatherwick说，3D设计是一个美妙的课程，当中涉及大量材料的研究和应用，他特别喜欢研究三维空间与建筑的关系。可是"从前的建筑训练以理论为主，很少是关于如何制造一件事物的。学校里的建筑系、设计系，从来没有真正建起过一座建筑实物"。于是，他向学校申请经费，跑遍附近的材料工厂寻求支助，并找来一群低年级生帮忙。最后，以学生身份造出了一个5米宽、6米长及5米高，由铝、木、金属和聚碳酸酯组成的可移动建筑。

Heatherwick于1994年成立工作室，他的团队有来自设计背景的，有读心理学、英国文学的，有的是工程师。Heatherwick喜欢和人聊天，跟队友聊，跟制造商聊，跟项目经理人聊。他说，如果不跟人互动，只是独自坐在那里闷着头想："有什么好主意呢？"他会很难过。喜爱另类思考的Heatherwick，不想做人们期望中的设计，他要主动创新，提出大家意想不到的点子，他希望每个城市最好都长得不一样，因为"再丑再怪的东西都一定有它迷人的地方"。

Shanghai Expo 2010-UK Pavilion

上海世博英国馆

Architects：Thomas Heatherwick

Location：上海·中国

Completion：2010

　　赶末班车去上海看世博园，人挤人排长龙，还得跟后面想插队的人"过招"，找罪受？那倒不会。在虚拟、虚幻如影随行的网络年代，人与人之间的实际接触算是难得，哪怕小有"摩擦"都觉得痛快！可惜的是，在漫长的等待之后，看到的尽是些在家里就看得见的媒体影像，当中尽管影像承载了许多国家、城市特色，也极尽所能地运用许多夺目炫光的新科技——IMAX、3D、4D全出笼，但总觉得这些特效就是刺激不了感官。

　　一馆炫过一馆，只会让人的感官愈来愈疲乏，直到像蒲公英般的英国馆逐渐进入视线范围，才慢慢又苏醒过来。从未见过这样的建筑，既没窗也看不到墙，只见布满触须的毛茸茸物体隐隐发光，却不知这光是从何

像蒲公英般的英国馆，
既没窗也看不到墙，只
有布满触须的毛茸茸物
体隐隐发光，犹如一个
"种子圣殿"

而来。还有蛮长的距离、蛮久的时间才进得了馆，可身体上那种想触摸的欲望已蠢蠢欲动。

排了两小时的队，终于来到了英国馆入口，发觉此时吸引人的已不是那即将到手的"种子圣殿"，而是殿前这一片有足球场大、状如草坡的开放空间。虽得乖乖地顺着参观路线，最后才能躺在"草坡"上，但这时已能体会什么叫美好城市，那必然有一种留白的舒畅感。

果不其然，一走进展示廊，就看见绿色植物拼贴而成的城市空照图，建筑和街道刻意被抹去，剩下的尽是绿地面积。曾经饱受城市化之苦的伦敦，自1842年打造城市的第一座公园起，积极地让绿地蔓延，至今已有40%的绿地。展示廊上还有倒挂的缩小版典型英国城市。不比楼高，这里关注的是空气能否流通，阳

"种子圣殿"殿前有一片足球场大、状如草坡的开放空间，躺在"草坡"上，才能体会到一种留白的美好、舒畅感

白色毛茸茸的触须建筑，会让参观的人产生一股蠢蠢欲动的欲望，想要亲手去抚摸触碰

光和雨滴能匀撒落在城市的每一个角落。当然，这些都只是开胃菜，大伙人还是急促地往主菜——"种子圣殿"前去。

"种子圣殿"内部是一个昏暗的方形空间，除了外环走道外，地坪、墙壁和天花板皆呈弧面，闪闪发亮。仔细一瞧，是一根根纤细的透明亚克力杆，总数有6万多根，每根长7.5米，固定在木结构上，一端伸出室外，将光线引进；室内这一端镶嵌着种子，其中有叫得出名字的松果、咖啡豆，然而更多是叫不出名的，形状各异，种类繁多，它们全部来自英国皇家植物园和中国科学院昆明植物研究所合作的"种子银行"。

"种子圣殿"里，不管老少都会细细端详被封存在杆里头的种子，那一刻，人们永无止境的追寻目光顿时被拉了回来，回到平日不甚在意的微小东西上。每人脸上都带着笑容，即便光线昏

内部是一个昏暗的方形空间，地坪、墙壁和天花板皆呈弧面，上方闪闪发亮的是一根根纤细的透明亚克力杆，封存着一粒粒的种子

暗也要跟它合照一下。上海世博园之大，何以众人会对这小小的种子着迷？想必是它的自然、真实与生命力，而且它还是人类未来的救星呢！根据英国科学家的一项研究，植物的根部会从土壤吸取矿物，如果能把地下矿物吸全花瓣上，那么就不需要矿工冒着生命危险深入矿坑了。除了采矿，有些植物还可用来吸音，甚至像电影《阿凡达》里，利用植物传递或储存信息等。

英国馆是个连小孩都看得懂，也都感兴趣的"简单"设计。总设计师Thomas Heatherwick认为，设计不该只有专家才看得懂，好的设计应该让小孩都能看懂，不需高深学问就能了解其意义，好设计应当对小孩产生意义，也因此设计不用太复杂，设计不该失去力量，而简单会有力量。

以"城市，让生活更美好"为主题的2010上海世博会，各个国家馆无不费劲地展现国力、自述特色。而曾是首届世博会主办国的英国，却在年轻建筑师极富创意的设计下，轻松一跃便跨越了国家界线。国家符号被隐藏起来，以"种子"为样貌，将人们的注意力引到彼此共生的大地之上，使世人暂时忘却种族、国籍、身份地位、财富名位种种分别，或许这就是让生活变得更美好的关键所在。

Toyo Ito

伊东丰雄

少一点纯粹的美，多一些活力与兴趣。

设计理念
创造一个可以让人们感受到生命喜悦的建筑。

代表作品
1984｜银色小屋｜东京·日本
2001｜仙台媒体中心｜仙台·日本
2004｜TOD'S大楼｜东京·日本
2006｜瞑想之森火葬场｜各务原·日本

荣获奖项
1986｜日本建筑师协会奖
2002｜威尼斯建筑双年展金狮奖
2010｜高松宫殿下纪念世界文化奖

和安藤忠雄并列"日本建筑双雄"的伊东丰雄，虽是建筑科班出身，但上大学前他完全没意识到自己将来要成为建筑家。有别于安藤热衷拳击，伊东则是把棒球看得比三餐还重要。考大学时为了方便继续打球，伊东甚至希望能进东大文学院较轻松的科系，没想到意外落榜，只好放弃棒球，隔年再考，结果进了东大理学院。升大四那年暑假，伊东到日本代谢派建筑师菊竹清训事务所实习，大约从这时候开始，也就是快毕业的时候，他才逐渐感觉到"建筑或许是有趣的"。

伊东于1941年出生于韩国首尔，两岁左右随父亲回到日本老家长野诹访，在那里度过了与自然为伍的童年。1965年东大毕业后，顺理成章地进入菊竹清训事务所工作，伊东从菊竹清训那里学到了"如何放掉想法，就算已经在这个想法上努力了很久"，也学到"可以彻底改换原有的计划，即使明天是交图的最后期限"。

1971年，伊东成立了个人事务所，并开始在杂志上发表与设计相关的评论与论述。对伊东来说，设计和写作同等重要，因为在设计中看不见的思想过程与意义，在文章中可以表达。而思考常是比作品的实现稍早一步，两者总是有落差，正因为有此落差才能迫使他往前迈进，意即作品催生了文章，而文章又导引出下一个作品的意涵。几十年来，伊东持续反复着这样的行为。

伊东早期的文章社会批判性较强，根据他的说法，当时的社会未能给予建筑师一个适当的定位让他有强烈的挫折感，因而将这样的情绪转为对社会制度的批判，然后将自己封闭在一个狭小的体系里追求所谓的漂亮建筑。而将他从这种内向性格给解放出来，是1995年所赢得的"仙台媒体中心"竞图一案。仙台媒体中心从设计到施工历经6年之久，伊东在这过程中重新启动和人们的对话，除了和许多人共同作业外，也进行一些议论，让他觉得原来自己也能够存在于社会。

"仙台"案给伊东带来的不只是喜悦，也改变了他写文章的态度与想法。2004年伊东在杂志上发表"少一点纯粹的美，多一些活力与乐趣"一文，说明了2000年后他对建筑的情感、观念想法及作品风格的转变。早期伊东以一种轻薄的高度透明手法来表现纯粹而抽象的建筑美感，"仙台"案之后，他转向探索"物质感"，透过结构的力道与强度让建筑变得更有"生命力"，他想要创造的是"可以让人们感受到生命喜悦的那种建筑"。

Sendai Mediatheque

仙台媒体中心

Architects：伊东丰雄
Location：仙台・日本
Completion：2001

　　这栋让人觉得轻松、友善，拍照也不用担心会有馆员盯梢的建筑，是伊东丰雄建筑生涯里极具关键的作品。它被誉为新世纪建筑的代表，让全球建筑界掀起一股"伊东风潮"，更为伊东带来了2002年威尼斯建筑双年展终生成就金狮奖的荣誉。伊东以13束状如水草的支柱作为空间试验，他希望透过从自然中"衍生"出来的元素，打破既往的任何建筑形式，让建筑不要那么像建筑，而是像人造树林。人们可以拿着轻便的电脑在这里随意遛达，与人相遇，自然沟通，没有任何阻碍。

　　定禅寺通是一条美丽大道，高耸的榉木带来四季变化的风貌。媒体中心则以一个近无表情的玻璃方盒矗立在大道旁，让来往行人"无视"它的存在，可又会被它的存在给吸引。说无视，是因为它不求表现的造型，搭配玻璃外衣，映照着街景，衬托着

定禅寺大道上矗立着一座玻璃方盒，映照着街景，衬托着树林，当视线穿透它的透明外壳，立刻被内部奇特的构造给吸引住

分别由数量不等的钢管
所组成的13束支柱，贯
穿建筑7个楼层，或歪
或斜像随波摆动的水草
被定了格般，左摆右扭
的，姿态相当活泼有趣

树林，不特别引人瞩目；然而当行人的视线无意间穿透它的透明
外壳时，就很难不被那奇特的内部构造给吸引了去。

　　媒体中心结合艺廊、图书馆、多媒体服务等多项功能，伊东
设计团队一开始就把它定调为"媒体的便利店"，他们希望来馆
的人就像进到便利商店里，可以从架上自由选择想要的书本、影
带、光盘等各种媒体，而不是像过去的公共建筑，使用者总是被
馆方的硬件和软件等种种规范给强力支配。为了实现这个构想，
在空间安排上尽可能采取开放式设计，再搭配各种家具及设施，
使每个楼层各具特色，让使用者选择他们想待的场所，并感受如
在公园里漫步或在街上闲逛的那种轻松与自在。

　　建筑主体由地板、支柱、外壳三部分构成，50平方米的地板
是铁制蜂巢合板，地下2层，地上7层，由13束支柱串连，没有其
他结构墙或斜撑。13束支柱分别由数量不等的钢管构组而成，或
歪或斜像随波摆动的水草被定了格般，左摆右扭地直贯7个楼层，
姿态相当活泼有趣。"水草"除了有支撑功能，还可将天光引入，并

藏纳各种设备管线，甚至楼梯、电梯也置入其中。四面外墙虽同为玻璃，但有的是玻璃加百叶，有的是在玻璃上蚀刻文字，处理方式不尽相同，却都能让视线穿透，把内部的活动和摆设显露于外，将外部的林叶街景透过大片玻璃像水族馆般引入屋内，让用户有更多的弹性选择和环境间的互动。

大楼从里或外都让人读不出哪个空间是主要的，哪层楼又是全楼的中心。伊东想要打造的是一个均质空间，从1楼到7楼，没有主次之分，没有层级之别，有的只是阅读、展览等不同使用功能和性质上的差异。虽说均质，可并没有一般高楼那种不断重复同一种空间的单调和乏味，而是透过楼高和光线的变化，以及"水草的自然生长"，塑造出各种生机勃勃的室内景象。

伊东说，要了解这栋建筑，夜晚比白天更容易些；从对街望过来，可以看到各楼层的高度差异、天花板装修差异、家具差异，以及照明方式和颜色差异。若是白天，除了"水草"的底部隐约可见外，再往上看，玻璃外墙在阳光照射下几近消失于无形，看到的仅是天空里的朵朵白云，看不到"水草"直通7楼的景象。不过，走一趟室内一样清楚明白，正如伊东所说，重要的不是这些支柱看起来像什么，而是能否借此营造出充满活力的欢乐气氛。

媒体中心结合艺廊、图书馆、多媒体服务等多项功能，伊东设计团队一开始就把它定调为"媒体的便利店"

Wang Shu

王澍

我不做"建筑"，只做"房子"。房子是业余的建筑，但比建筑更根本，它紧扣当下的生活，是朴素的，通常是琐碎的。

设计理念
践行"中国本土建筑学"理念，看到传统在当代文化中的活力，珍视一个场所的人文气息，重视人和自然、人和物、人和思想之间的原初关系。

代表作品
2000｜苏州大学文正学院图书馆
2004｜中国美术学院象山新校区一期工程
2008｜宁波博物馆
2015｜艾青纪念馆新馆

荣获奖项
2004｜中国建筑艺术奖
2010｜威尼斯双年展特别奖
2011｜法国建筑学院金奖
2012｜普利兹克建筑奖

2012年普利兹克建筑奖颁给了年仅48岁的王澍，他是第一位获此奖项的中国建筑师。有人说，王澍是中国建筑界的异类，而按王澍自己的说法，他在中国建筑界以"叛逆"著称。许多人都有过青春期的叛逆，但他比较特别，"一直叛逆到成年"。

王澍祖籍山西，1963年出生于新疆乌鲁木齐，后来东迁。从小在古城西安生活、读书、成长，大学就读于南京工学院（现东南大学）建筑系。大二时王澍写了一篇2万多字的《当代中国建筑学危机》，点名批评了很多权威，触怒了许多老师，当时没有杂志敢发表。1987年王澍的硕士论文《死屋手记》，批判了当时的整个中国建筑学界，他在答辩时把论文贴满了整个答辩教室的墙壁，还声称"中国只有一个半建筑师……"因为批判的锋芒太过尖锐，虽然论文全票通过，但学位委员会认为过于狂妄没有授予他学位。

好长一段时间，王澍走在一条与众不同的崎岖路上。1992年，改革开放新的一轮开始，建筑师的好日子到来，王澍却选择隐退。此后十年，他只做了一些小工程，改造老房子。这期间他认真向工匠学习，跟着工人的作息，每天早晨八点上班，夜里十二点下班，他要看清楚工地上每一根钉子是怎么钉进去的。十年磨一剑，1997年王澍已经准备好再出发，与妻子陆文宇在杭州成立了"业余建筑工作室"。

何以取名"业余建筑"？王澍的想法是："我不做'建筑'，只做'房子'。房子是业余的建筑，业余的建筑只是不重要的建筑，专业建筑学的问题之一就是把建筑看得太重要。但是，房子比建筑更根本，它紧扣当下的生活，它是朴素的，通常是琐碎的。比建筑更重要的是一个场所的人文气息，比技术史重要的是朴素建构艺术中光辉灿烂的语言规范和思想。"

2000年王澍获同济大学建筑学博士学位，之后担任中国美术学院建筑艺学院院长。王澍热爱书法，喜欢临摹字帖，研究中国园林、山水画，践行"中国本土建筑学"理念。普利兹克奖评委张永和说，王澍让我们看到传统在当代文化中的活力，现代不等同于西化。中国著名建筑评论家方振宁则说，王澍的"狂"是告诉你回到基本和最初的状态，重视人和自然、人和物、人和思想之间的原初关系。

Ningbo History Museum

宁波博物馆

Architects：王澍
Location：宁波·中国
Completion：2008

　　走访世界各地不少当代建筑，宁波博物馆是唯一让我感到蕴藏巨能的建筑。2008年才诞生，却好像历经了千年岁月；收拢如山的体块，内含聚敛的爆发能量；层层叠叠的旧砖瓦墙，隐约透露着它曾经拥有过什么、又失去过什么。

　　宁波博物馆选址于鄞州新区，这里原有大片稻田和美丽村落，因城市扩张逼近而被划为CBD（中心商务区）。设计之初，王澍去现场勘察，发现这是一块非常巨大的空地，四面八方都被推平了，30个村落拆了29个半，剩下半个，到处是残砖碎瓦。而政府的行政中心已先来到，办公楼尺度巨大，新开辟的道路异长宽阔，有上百栋高百米以上的企业大楼将陆续兴起，相邻建筑之宁波博物馆2008年才诞生，却好像历经了千年岁月。建筑的高度控制在24米之下，底层平面是个简单的长方形，朝上生长之后呈开裂状

墙体使用两种材料，一是旧砖瓦，都是从宁波地区被拆毁的村落、废墟上收集来的，另一是用毛竹作为模板浇注的混凝土。这些材料是历史见证，王澍将它们用在设计中，让它们的活力再现

间的距离超过百米。在这样的尺度下，王澍感觉不到任何城市生机，因此思考如何创造一个有独立生命的建筑体。

中国文明被赞胜之处，是它不断地向大自然学习，有所发明，有所创造。"王澍从中国园林、山水画中读到古人的"齐物观"，以及如何"道法自然"，如何和自然共生、共处。"山是中国人寻找失落的文化和隐藏文化之地。"王澍不打算在园子里修剪枝叶，他直接回到原始山林里去挖掘能量，最后他决定让博物馆建筑同化为"自然物"——从连绵山脉中割下的一块山体，他要把属于宁波这地方的回忆都收藏在"山"里。

建筑的高度控制在24米之下，底层平面是个简单的长方形，朝上生长之后呈开裂状。墙体使用两种材料，一是旧砖瓦，都是从宁波地区被拆毁的村落、废墟上收集回来的，另一是用毛竹作为模板浇注的混凝土。为何使用旧砖瓦？这必须回溯到2000年左右，当时王澍在宁波进行建筑试验，认识了一个拆迁公司的经理。有一天他突然问王澍要不要唐代的砖头，因为他刚拆了一座明清时期的宅子，里面连唐代的砖头都有。王澍相当讶异，觉得这些材料作为历史见证，不应该被丢弃。拿到这批材料后，他思考着如何将这些被当成废料的珍贵旧砖头用在设计中，让它们的

馆址位于鄞州新区，这里原有大片稻田和美丽村落，因城市扩张逼近而被铲平，感觉不到任何城市生机，王澍因此思考如何创造一个有独立生命的建筑体

活力再现。

第二年，王澍带着一群学生在宁波慈城考察，发现了一堵
"瓦爿墙"，那是过去浙东一带民间造屋常使用的墙体，最多由
80多种旧砖瓦混合砌筑而成。王澍觉得这很了不起，随后开始寻
找并试图学习这种"瓦爿墙"技术。由于"缝缝补补又三年"的
年代已过，多数人都不愿意再建造这种费力又不"漂亮"的墙
体，其技术几乎快要灭绝。最后王澍在鄞州新区的一个偏远村落
里，找到尚存的瓦爿墙建筑技艺。此后几年，王澍带领工作团队
试验了一系列使用回收砖瓦进行循环建造的作品。2006年，王澍
完成一组名为"五散房"的小建筑，在宁波博物馆前面的公园
内，其中初次试验了"瓦爿墙"和混凝土技术的结合。

宁波博物馆在建造过程中，由于大量使用旧砖瓦，王澍曾遭

王澍决定让博物馆建筑同化为"自然物"——从连绵山脉中割下的一块山体，他要把属于宁波这地方的回忆都收藏在"山"里

到强烈指责，说他在一个当地人管它叫"小曼哈顿"的新区域，坚持表现宁波最"落后"的事物。王澍反驳说，博物馆首先收藏的就是时间，这种墙体做法将使宁波博物馆成为时间收藏最细腻的博物馆。而事实证明王澍有理，博物馆落成之后，市民反应热烈，有老人家多次来访，因为这里有他们过去生活的痕迹。

从宁波回到台北，我把拍摄的几张照片拿给一位前辈看，他不是建筑领域之人，不知道王澍是谁，但深谙中国哲学与文化，足迹遍及中国大江南北，看了照片后说了两个字："敦煌"。意思是，王澍将培育他的山川大地及千年文化所蕴藏的能量转借到他的建筑里，这需要"大力"，而这大力就来自于他的"觉性"。

博物馆首先收藏的就是时间，这种墙体做法将使宁波博物馆成为时间收藏最细腻的博物馆

China Art Academy, new campus of Xiangshan School, Phase I & II

中国美术学院象山校园一、二期工程

Architects：王澍
Location：杭州·中国
Completion：2007

二期工程完成后，有使用者反映窗户小、室内暗，王澍称这种半亮不亮的光线叫"幽明"，他特别想把握、想塑造一个在室内带有沉思气质的学院。象山校舍窗户不仅开得不大，位置也经常设得不规矩

自2012年普利兹克建筑奖落户中国之后，网络上偶尔会有"类王澍"的建筑出现，不过，那些房子怎么看就是有缺憾，少了建筑师浇灌其上的自信和决心。其实他们想的是"王澍"，而王澍想的是"营造"。

中国美术学院象山校区坐落在杭州南部群山东部边缘，校园用地环绕一座名为"象"的小山，山高约50米。象山北侧的校园一期工程于2004年建成，是由10座建筑与两座廊桥组成的建筑群。象山南侧的校园二期工程于2007年建成，由10座大型建筑与两座小建筑组成。王澍说他不只是做一组建筑，他是在建造一个

王澍以中国传统的山水画为例，落定建筑，他说在山水世界中，房屋总是隐在一隅，甚至寥寥数笔，不占据主体的位置

在王澍的设计中，经常隐藏了另一条自定义的规范，那是用来提醒对自然事物渐渐失去感觉的现代人。他说，做出一个完全合理的设计没意思，人的生活除了合理之外，还需要"有意思"

"世界"。王澍以中国传统的山水画为例，"在那种山水世界中，房屋总是隐在一隅，甚至寥寥数笔，并不占据主体的位置。那么，在这张图上，并不只是房屋与其邻近的周边是属于建筑学的，而是那整张画所框入的范围都属于这个'营造'活动"。

在王澍的思考中，象山校园最重要的就是"自然"，象山已经在那里，所有的建筑都以这座山为最重要的观看与思考的对象。新的校园建筑被布置在地块的外边界，与山体的延伸方向相同，随着山势蜿蜒起伏而跟着"摆动"。在建筑与山体之间，留出大片空地，保留了原有的农地、河流与鱼塘。建筑与道路之外的土地，重新租给土地被征收的农民，用于各种农作种植。学校不收地租，但条件是不许使用农药与化肥。

在二期工程中，王澍植入了中国园林的思考，以他的理解，"园林"特指"自然"被置入"城市"，而城市建筑因此发生某种质变，呈现为半建筑半自然的形态。不过他说："中国园林里

的建筑是现成的，它的类型已定，所以讲究格局的经营。就像下棋一样，棋子是现成的，只是我们大家来比一下对格局的理解的高下。但是今天的建筑师面对的显然不是这样一件事，对建筑的类型首先就是一个问题。在剧烈的变化过程中，棋子都不成形了。"所以在象山校园中，王澍先做出建筑类型，有四种基本类型，每一个类型至少要做两次重复，有其一套法则。

二期工程完成后，有用户反映窗户小、室内暗，王澍在一场与方振宁的对谈中解释他对光在中国建筑中的理解："就是黑的和亮的，这不是一个技术问题，而且我对这种半亮不亮的光线还起了一个词叫'幽明'，幽是黑的意思，'幽明'就是'黑亮'，它不是不亮，而是黑亮的光，这是我在建筑中特别想把握的，我想塑造一个在室内带有沉思气质的学院。"象山校舍窗户

象山校园最重要的就是"自然"，在建筑与山体之间，留出大片空地，保留原有农地、河流与鱼塘。建筑与道路之外的土地，重新租给土地被征收的农民，用于各种农作种植。学校不收地租，但条件是不许使用农药与化肥

　　不仅开得不大，位置也经常设得不规矩。王澍说这和"自觉性"有关，我们得意识到窗户的存在，而不是像现代主义的窗户，退化成进来的一个洞口，室内非常亮，你完全忽视窗户的存在。

　　不光是窗子的问题，王澍有个朋友非常敏感，有一次走在象山校舍某楼梯时，赫然发现"不对呀！怎么下面一段楼梯的踏高和上面一段的悬殊这么大？"王澍随口回他："你知道你有脚了吧！"当然这些步高变化不在主干道上，因为要"合规范"。不过在王澍的设计中，经常隐藏了另一条自定义的规范，那是用来提醒对自然事物渐渐失去感觉、没有心情感受的现代人，或说"自觉性"差的人。王澍说，要做出一个完全合理的设计不难，但没意思，人的生活除了合理之外，还需要"有意思"。

Part5

灵
性

Louis I. Kahn

Tadao Ando

Peter Zumthor

灵性的触动

建筑的性格

灵性建筑没有宗教上的图腾，
没有精神性的提示，
也不会特别让人感觉到它有灵气。
灵性建筑是简约的、淡雅的、质朴的、不雕琢的、
不做作的、无意识的，直接呈现本质的美。

Louis I. Kahn说："我们应该学习尊重人的心灵，心灵是精神的居所，是直觉的所在，直觉是最可靠的感受。"人的心灵运作强弱有别，心灵运作较弱的人，精神无处可居，就会到处找寄托。寄托在人身上，情绪容易起伏；寄托在财物上，整天患得患失；寄托在知识学问上，直观能力会逐渐减弱；寄托在工作事业上，终日忙碌而没有自己。

建筑的灵性源自材料，和空间、形式都有关联。世间万物都有灵性，木头、砖块、石头都记录着它的生成法则，堆栈摆设成圆的或方的也都有不同的生命展现。建筑师掌握材料的生成法则，将它们组构到"如有神"时，也许只是一小部分，就能让整座建筑活起来。有生命的建筑能触动人的心灵，让人以"觉知"来取代"感知"，这样的知不受情绪影响，较接近真实，身心也比较平和稳定。

可是就像人一样，当建筑的目的、想法、欲望太多或太强时，灵性就会减弱。比如教堂，若形式上过于强调精神性，让人心生敬畏或崇拜，

它的灵性反倒会降低，甚至不见。或渴求返璞归真，极力追求生活品味的休闲宅，欲望过于强烈，也会把灵性压了下去。抑或标榜爱护地球的环保建筑，披上绿色外衣，若只是在自定义的狭小范围里，给自己找合理存在的借口，那就和灵性运作相去甚远。

灵性建筑没有宗教上的图腾，没有精神性的提示，也不会特别让人感觉到它有灵气。灵性建筑是简约的、淡雅的、质朴的、不雕琢的、不做作的、无意识的，直接呈现本质的美，并且运用大自然元素如阳光、空气或水，让人和天地接轨，使身心各些和谐与自在。

———

代表建筑物

沙克生物研究中心

真言宗本福寺水御堂

兰根基金会美术馆

水之教堂

田中的教堂

女巫审判案受害者纪念馆

Louis I.Kahn

路易斯·康

建筑之所以能够做为时代的表征，
就是因为它的委托者是生命的形式之故。

设计理念

盖一栋建筑物，等于是在创造一个生命；建筑本身并无心智，但它有反映心智的本质。

代表作品

1953 ｜耶鲁大学美术馆 ｜纽哈芬市·美国
1959 ｜沙克生物研究中心 ｜圣地亚哥市·美国
1965 ｜宾大理查德医药研究大楼 ｜费城·美国
1974 ｜金贝尔美术馆 ｜沃思堡·美国
1974 ｜耶鲁大学英国美术馆 ｜纽哈芬市·英国
1983 ｜孟加拉国国会大厦 ｜达卡·孟加拉国

荣获奖项

1971 ｜美国建筑师协会金奖

Louis I. Kahn是一个建筑师，也是位哲学家，他的个子矮小，脸上有幼年发生意外留下的疤痕，声音微弱而嘶哑，说话时每个人都需凝神静听。Kahn的话语艰涩，论及的哲学深入觉性和灵性层次，对习惯以知性或理性思考的人而言并不容易了解，所幸他的哲学都反映在作品里，透过他的建筑直接体验，比起阅读他深奥难懂的言语或文字或许容易些。

Kahn生于1901年的爱沙尼亚，父亲是虔诚的犹太教徒，母亲出身名门。1905年Kahn随父母移民美国费城，在双亲的文化熏陶下，Kahn自幼就显露出音乐和绘画方面的才华，高中时曾参与全市绘画比赛而得奖，原本打算攻读绘画艺术，但到了高中最后一年，因一门建筑史课让他下定决心当建筑师。

1920年Kahn进入宾州大学攻读建筑，1924年毕业后曾在几家重要的建筑师事务所工作，也曾前往欧洲旅行观看建筑。1935年Kahn开设了自己的事务所，在经济不景气时期，他集合了一些失业的建筑师和工程师组成一个研究团体。那时的Kahn在思想和理论方面已有出色表现，但尚未有突出的作品与之相衬。直到1947年他前往耶鲁大学任教，于1953年完成耶鲁大学美术馆设计，Kahn执业生涯的第一件重要作品终于诞生，当时他已年过50。

1957年Kahn由耶鲁转至宾大教学，1965年他又完成了一座被视为对现代建筑有重要贡献的宾大理查德医药研究大楼。自1957年至1974年去世为止，Kahn一直在宾大执教，也同时进行建筑业务。Kahn和其他老师以及来自世界各地的学生，每星期固定两次会面探索建筑，讨论的内容涉及社会、经济、美学和精神各层面，经常持续至深夜，地点除了教室外，有时甚至移至附近的餐厅或公寓中进行。

Kahn认为盖一栋建筑物，等于是在创造一个生命；建筑本身并无心智，但它有反映心智的本质。他说："建筑师应当把空间当成艺术来处理，建筑才能不朽；空间应该超越需要的层次而呼应它的用途，否则必定失败。"Kahn不为特定的某人来处理空间，他只为一般大众设想。即使是为某人服务，在他的建筑语汇中也感觉不出有业主的存在。Kahn的业主是人类的本性，他是受生命形式的委托，而不是受某人的委托。Kahn说："建筑之所以能够作为时代的表征，就是因为它的委托者是生命的形式之故。"

Salk Institute for Biological Studies

沙克生物研究中心

Architects：Louis I. Kahn
Location：圣地亚哥市·美国
Completion：1959

实验大楼建筑群采用对称式配置，以一个向大海敞开的中庭为核心，两座实验大楼分别立于中庭两旁

沙克生物研究中心位于美国加州圣地亚哥北方的太平洋崖岸边，是建筑大师Louis I. Kahn的经典之作，目前已列为文化资产受保护。1959年，小儿麻痹症疫苗发明人沙克博士将生物研究中心交给Kahn设计，沙克对Kahn的要求是：空间要有弹性、容易维护、维护费用要低；还有，毕加索会喜欢来。为什么在意毕加索来不来？因为生物研究中心的科学家需要不可度量的事物出现，而那是艺术家的领域。其实沙克不要求，Kahn也不会让自己的作品完全可以度量。

Kahn规划设计的研究中心原本包含集会堂、宿舍、实验大楼
3组建筑群，实验大楼于1965年兴建完成，集会堂和宿舍因经费有
限最终未能建造。实验大楼建筑群采用对称式配置，以一个向大
海敞开的中庭为核心，两座实验大楼分别立于中庭两旁。实验室
靠外侧，楼高4层，一层低于地平面，有小院子将自然光引进，楼
层间有夹层安置管线设备。科学家研究室在内侧，面向中庭，楼
高4层，能看见海景，有柚木遮屏避免阳光直射。实验室和研究室
之间有廊道相连。

中庭轴在线有一条1英尺宽的水道指向大海，每年春分、秋
分正对着落日，这条水道可说是整个建筑群的精神中枢，心灵所
在。Kahn将自然纳入设计中，他是抱持对自然最崇敬的态度。
Kahn把建筑视为人性表达，他说人活着就是为了表达。人性是不
可度量的，因此他认为一座伟大的建筑必须从非度量开始；在设

中庭轴线上有一条1英
尺宽的水道指向大海，
每年春分、秋分正对着
落日，这条水道可说是
整个建筑群的精神中
枢，心灵所在

计时必须透过可度量的方法，而最后必定成为非度量的。可度量部分必须遵循自然法则，运用构造方法和工程学；而当建筑成为生活的一部分时，它的非度量特质精神部分会被唤起，虽不为一般肉眼所见，但能透过直观察觉，就看你的频率能否和它相应。

人出自于自然，是自然的一部分，可是为了生存，也创造了许多非自然的东西，有所谓的人造环境。如果这些人造环境偏离自然太远，我们的身心是无法感到和谐顺畅的。林语堂说："人类是灵与肉所造成，哲学家的任务应该是使身心协调起来，过着和谐的生活。"那么，建筑师的任务就该是建造让人的身心能够协调的居所。

Tadao Ando

安藤忠雄

要在人生中追求"光"，
首先要彻底凝视眼前叫作"影"的艰苦现实。

设计理念
将光与影的人生体会，注入到建筑设计里。

代表作品
1988 | 水之教堂 | 北海道·日本
1989 | 光之教会 | 大阪·日本
1991 | 真言宗本福寺水御堂 | 淡路岛·日本
2004 | 兰根基金会美术馆 | 诺伊斯·德国

荣获奖项
1995 | 普利兹克建筑奖
1996 | 高松宫殿下纪念世界文化奖
2002 | 美国建筑师协会金奖

没上过大学的日本建筑家安藤忠雄，让人最感好奇的是他的自学过程。安藤出生于1941年，从小与外婆相依为命。经营小生意的外婆从不要求他在课业上的表现，反倒是他想写功课还会挨骂："要念书在学校念啊！"但外婆对他的日常生活就要求得很严，要安藤对自己的行为负责，并能独立自主，就连生病看医生都"自己走路去吧！"

读小学、初中时，安藤的真正学校其实是在市井。安藤和外婆住在大阪老街区，他家附近有铁工厂、玻璃工厂，对面还有个木工厂是他最喜欢去的地方。放学回家后，书包一扔就往那边跑，他还有模有样地学人家画蓝图，并动手做些简单的木工劳作。升高二时，安藤在好奇心驱使下开始学拳击，不到一个月就考取了专业执照。接着一连串的擂台赛，让他体会到赌上性命独自承受孤独与荣耀是何种滋味。当时安藤想"或许能靠拳击维生"，但当高中生涯接近尾声时，他看到当时一位明星级拳击手的表现，自认望尘莫及，当下决定放弃拳击。

高中毕业后，安藤以打工的方式从事家具、室内设计和建筑等多种工作。当视野逐渐扩大时，他不是没有考虑进大学建筑系念书，但因家中经济状况不允许，只能边工作，边靠一己之力去学会想知道的一切。20岁左右，安藤在旧书店里发现了柯比意的作品集，爱不释手；可是手头不宽裕，又深怕书被买走，只好把它藏在店里的某个角落，一个月后才来将书买下。这期间他曾潜入无法就读的大学，偷偷旁听建筑系的课程，并大量阅读与建筑相关的书籍。

到了22岁那年，安藤做了一趟属于自己的"毕业旅行"——环游日本，遍览日本近代建筑巨擘丹下健三的所有作品。旅行完毕，安藤又回到室内设计等工作。两年后，他决定去欧洲，他知道这一去将耗尽所有积蓄，或许还回不来；但跟这些不安比起来，安藤对欧洲的好奇心更强烈些；而外婆也鼓励他："钱不是拿来存的，钱善用在自己身上时才有价值。"为期7个月的欧洲建筑之旅，填补了他心灵上的饥渴，而唯一遗憾的是，当安藤抵达巴黎前的几个星期，柯比意已离开了人世。

安藤在他的自传中提到，他靠自学成为建筑家的经历，一开始尽是不如人意的事，无论想尝试些什么，大多以失败告终。尽管如此，他还是赌上仅存的可能性，在阴影中一心前进，抓住一个机会就继续朝下一个目标迈进……他说，要在人生中追求"光"，首先要彻底凝视眼前叫作"影"的艰苦现实。

Water Temple

真言宗本福寺水御堂

Architects：安藤忠雄

Location：淡路岛·日本

Completion：1991

从海湾旁的一条山丘小径前去水御堂，有一道约3米高、长长的混凝土墙挡在前，地上铺满白砂砾，脚踩在上头还会窸窣作响

安藤忠雄设计的水御堂，坐落在大阪湾的一个小山丘上；从海湾旁的一条山丘小径前去，快到顶时，安藤的标记出现了，一道约3米高、长长的混凝土墙横挡在前，地上铺满白砂砾，脚踩在上头还会窸窣作响。墙边有个洞口，穿过去，又见一片等高的混凝土墙，不过这回是弧面，曲直两道墙夹挤出一条仅见天上白云和地上白砾的"留白"参道。顺着参道的弧墙走到尽头，眼前豁然开朗，一座覆满莲花的椭圆形大莲池（长径40米、短径30米）凸

出地面，四周有树丛环抱。已到丘顶了，寺院呢？全埋在莲池底下。池中央有一道向下划开的狭窄阶梯，是通往佛堂的入口。

水御堂建于1991年，4年后，也就是1995年的1月17日，芮氏规模7.2级的大地震袭击了淡路岛到阪神一带。当时安藤远赴伦敦出差，得知消息后急速赶回大阪，除了担心同胞安危，也牵挂自己的设计是否经得住考验。所幸，位于震央附近的水御堂"毫发无伤"；据说地震发生后，莲池里的水还成了当地居民的生活用水。

莲池的构想是怎么来的？安藤说他在与本福寺信徒代表讨论设计工作时，脑海里浮现的尽是年轻时在印度见过的，整个地面覆满野生莲花的莲池景象。"莲"是"佛"的象征，安藤希望透过迂回的途径，以及"沉潜"于莲池底下的佛堂，让参拜者经由空间体验深入佛教的精神世界。但问题是寺方能接受吗？刚开始

顺着参道的弧墙走到尽头，眼前豁然开朗，一座覆满莲花的椭圆形大莲池凸出地面，四周有树丛环抱

的确不行，住持和信徒们强烈反对；"怎么可以在重要的佛堂上面铺水？……没有屋顶的寺庙简直无法想象！"最后是在一位年过九旬的高僧大力支持下，案子才得以顺利进行。

水御堂的内部结构是在方形空间里，利用清水混凝土墙面隔出一个圆型空间，里面用角柱与木格子屏风分割出内殿与外殿。内殿有佛像坐镇，后面的大型木格子窗面向正西的方位，格子的色彩为鲜艳的朱红。当太阳西下，光线透过这层红色滤网渗入室内时，整个空间会弥漫着红光，目的是塑造出佛教所说的西方极乐世界意象。安藤说设计这座寺院并非要满足各宗派特有的繁文缛节，更重要的是让非佛教徒也能参与其中，使这个场所成为当地居民的心灵寄托所在。

步行到了丘顶，会看到池中央有一道向下割开的狭窄阶梯，是通往佛堂的入口，原来寺院全埋藏在莲池底下

当大门关上，光线透过红色遮阳篷入室内，将少许阳光播送于室。目的是遮挡夏日阳光和所投射的方格光进来营造。

Langen Foundation
兰根基金会美术馆

Architects：安藤忠雄
Location：诺伊斯·德国
Completion：2004

　　混凝土是个极为普通的建筑材料，安藤忠雄却能将它发挥至极，但并非用来雕塑特殊形体，而是为了形塑空间，一种让人心思得以沉淀的空间。位于德国杜塞道夫郊外的这座兰根基金会美术馆，主体建筑是个混凝土造的长方体块，外围包覆一层玻璃廊道，户外有水池、草坡和弧墙，几个简单的设施就能让人感受远离尘嚣的朴素与纯静。

　　这里原是北约组织的导弹基地，1993年废除使用后，被附近一个占地20余万平方米的艺术公园主人Karl Heinrich Muller所并购。Muller是德国的开发商，也是位艺术收藏家。他购置土地不单为了自己的收藏，更为了实现"扭转被忽视的地球角落"的伟大梦想。1994

美术馆除了大片水池，入口处还有一道弧状的清水混凝土墙，清楚划分出里外，墙上的方洞和折状小径引领人的视线与动线

年，安藤受Muller之邀，参与导弹基地再利用计划。2001年，德国艺术收藏家Marianne Langen看中这项计划，邀请安藤在导弹基地遗迹上，为她和丈夫的东洋美术及现代西洋美术收藏品建造一座美术馆。

安藤将美术馆的展示空间划分成"静"和"动"两种属性；静展示室为东洋美术而做，采用混凝土箱体外包一层玻璃廊的双层构造。玻璃廊上空无一物，是个过渡空间，两端设有简易咖啡座，展品全置放在混凝土箱体内。长长的清水混凝土墙面，除了出入口，墙上没有任何开窗，和玻璃廊形成强烈的虚实对比。动展示室为现代西洋美术而做，同样是混凝土箱体，但有一半嵌入地下。安藤巧妙地运用天窗，让光线随着时间不同穿梭在楼梯间、缓坡上、天花板缝里，产生极精彩的光影变化。动展示室和静展示室之间成45度角配置。

美术馆外，除了大片水池，剩下就是草地和顶上的天空了。草地外围有一段隆起的草坡是原来就有的，被保留下来。入口处有一道弧状的清水混凝土墙，清楚划分出里外，墙上的方洞和折状小径引领人的视线与动线，小径旁有几棵排列整齐的树。这都是些常见的设计元素，并非什么耀眼的东西，但在安藤的编导下，无形中都渗进了参访者的记忆里。

主体建筑是个混凝土造的长方体块，外围包覆一层玻璃廊道，户外有水池、草坡和弧墙，简单的设施让人感受远离尘嚣的朴素与纯静

Church on the Water

水之教堂

Architects：安藤忠雄
Location：北海道·日本
Completion：1988

1985年，安藤忠雄在神户六甲山上建盖教堂时，有一天，脑子里忽然闪出一个念头："在海的边际盖一座教堂应该很有意思。"于是他假想有一块基地，接着构思内容，做设计，制模型。隔两年，在某个展览会上，他将这个假想案拿出来发表，会场上有一位北海道的度假村开发商对他说，想在自己的土地上盖这座教堂。

几天之后，安藤被这位业主带到夕张山脉东北部一块平坦的基地上。那里没有海，但有一条美丽的小河，安藤脑中的"海"立刻变成了"湖"——"引河水造出一个人工湖泊，就能以更纯粹的造型来建造水上教堂"。于是，他的假想案想成了真实的建案。

顺着草坡而下，会先见
到一堵围墙，墙头上冒
出一座由玻璃围合的混
凝土十字架，即安藤忠
雄设计的水之教堂

这是一座小型婚礼教堂，附属于旅馆，四周尽是野生丛林，景色宜人。教堂离旅馆不远，从旅馆大厅旁的小径前去，顺着草坡而下，先是见到一堵围墙，墙头上冒出一座由玻璃围合的混凝土十字架。再沿着围墙边的坡道走至底端，有一个洞门，拐进去，随即见到一大片宁静湖面，边际正是面湖敞开的教堂主殿。再顺着墙边的斜坡上去，才能到达教堂的入口，路径看似迂回，却是一条精心设计的心灵之路。

教堂由两个大小不等的正方形混凝土块上下搭接而成；小的在上，边长10米，入口在此；大的在下，边长15米，是主殿。主殿里只有几排简单座椅面对着湖，没有墙做阻隔，必要时有大片活动玻璃可以关上，视野无阻。景色随季节变化！夏天绿意盎然，鸟语花香，微风徐徐，泛起水波涟漪；冬天则变成银白世界，湖水冻结，万籁俱寂，不变的是水面上那座十字架。

安藤的灵感源源不断，其实是来自他那永不停歇对建筑、对环境和人的热忱，而那些灵感最终都被他转化成洗濯人们心灵的空间。安藤说，有些事物适合用眼睛来观察，看起来也许很美，但仅只于视觉享受。有些事物则是超越表象，需要感知，外表或许平平，却会让人的内心感觉美好；水之教堂就属这类，借由环境的引导，细心体察时空变换，当情绪、思绪渐趋平稳，方能把俗世放下，才有机会找回久违了的心灵。

Peter Zumthor

彼得·祖姆托

建筑物作为一种物体，通常先是坚实的，
之后才随着时间展现生命。

设计理念

强调建筑要和环境相融合，将大自然元素放入建筑机能中，使建筑如同生成于大地，不受时间左右
的永恒之物。

代表作品

1996｜温泉浴场｜沃尔斯·瑞士

2007｜科隆美术馆｜科隆·德国

2007｜田中的教堂｜瓦肯多夫·德国

荣获奖项

1999｜密斯·凡·德罗奖

2008｜高松宫殿下纪念世界文化奖

2009｜普利兹克建筑奖

Peter Zumthor的作品大部分集中在瑞士东部一带，近几年才稍微往外扩，数量不多，却是当今世上了不起的建筑大师。他设计的沃尔斯温泉浴场（Thermal Baths at Vals）于1996年完成，两年后被纳入保护。试想，全世界有几个建筑师能亲眼目睹自己的作品成为受保护的文化资产？Zumthor的重要性不言可喻。

1943年Zumthor出生于巴塞尔，他的父亲是做细木家具的，原本打算让儿子继承家业，但Zumthor有自己的理想，在巴塞尔应用美术学院读完设计，便前往纽约普拉特艺术学院深造。毕业之后，先是在古迹维护领域工作了一段时间，1979年开始当建筑师，2009年获普利兹克建筑奖。

Zumthor说自己做起事来极为专注，没有办法同时间处理很多事情，他形容这种专注"像针灸一样集中在一个点"。别小看这一点，针灸效应可是布满全身的。Zumthor的事务所只有10来位员工，他想要照自己的意思做事，他想知道每栋房子是用什样的门把。获普利兹克建筑奖是莫大的荣誉，他却感慨："获奖耽误了我很多时间。我必须调整自己，重新专注工作。"

Zumthor的作品常给人外刚内柔、外冷内暖的感觉，他说："从建筑物里面看，我的作品是温暖的，你绝不会被暴露出来，因为背后总是有面墙保护着你。"——那是一种可以倚赖的温暖，接近幸福的感觉。《国际建筑名家访谈录》里有一段作者和Zumthor的问答。

"什么样的建筑算是好建筑？"
"当人们身处其中能感到愉悦的即是。我祖母的房子就是那样。"
"出自建筑师之手？"
"不，那是个农舍。"
"没有建筑师也会有好建筑？"
"我一点也不关心房子是谁盖的，盖好它就是了。"

行事低调的Zumthor，与主流保持距离，婉拒演讲邀约，谢绝媒体采访，原因是："频繁出入在五光十色的大都会，我担心自己的作品会变味。"正因为很少在媒体上曝光，许多人以为Zumthor是在阿尔卑斯山的隐士、独身、不看电视、只吃面包、喝白开水。被如此神化，他的反应是："我能怎样呢？我只能吃惊地观察它。"Zumthor虽非隐士，不过从他的作品我们可以看出，他确实比一般人多了些觉性和灵性。

Brother Claus Field Chapel

田中的教堂

Architects：Peter Zumthor
Location：瓦肯多夫·德国
Completion：2007

一行人来到德国科隆近郊Mechernich-Wachendorf，下了车，朝着大片农地里孤立的一座状如石碑的教堂走去。途中遇到几个着装轻便的老人，和我们往同个方向，想必也是要去教堂。一群人拉长着队伍走在田间小径上，像是在进行某种仪式。原来这桥段是建筑师Peter Zumthor有意安排的，任何一辆车，开到附近任何一个停车点，都必须下来步行至少30分钟才能接近教堂。

这教堂是为了纪念一位瑞士隐士Claus兄弟而设，由当地农民所捐赠。在这个设计案中，Zumthor引用了特殊工法，先以近

教堂外观看起来是那么的严肃、冷峻且抽象，形式如此简化，简化到像是生成于大地，不受时间左右的永恒之物

10米长的原木做锥状排列砌成内墙，外墙则由农民自主劳动参与
建造，每日浇灌30厘米厚的混凝土，7米高的建筑实体花了24天
完成。最后再将内墙的原木烧成灰烬，让黑色的焦灰凝结在墙
面上，形成一种既像木又像石的特殊质感。教堂屋顶有一开口，
任山无光洒进、雨水落下，墙上还有无数孔隙让光线漫射进入堂
内，形成的微弱光点有如宇宙中的星辰。教堂入口有一个三角形
旋转门，由铅制成。

　　教堂外观看起来是那么的严肃、冷峻且抽象，Zumthor的说
法是："虽然形式坚实且抽象，但是气氛上必须是柔和的。建
筑物作为一种物体，通常先是坚实的，之后才随着时间展现生
命。"Zumthor不喜欢"当年岁增加、最后迈向终点样子不好看的
建筑"，说的是外在形式经不起时间考验，今年流行的样式，几
年后再看，怎么这么丑呢，更何况建筑的外衣一旦穿上就脱不下
来了。由此可以理解为什么这座教堂的形式如此简化，简化到像
是生成于大地，不受时间左右的永恒之物。

Zumthor不想只当一个设计师或一个哲学家，他总是透过作品强调"主宰我们的不是只有图像或理念，还有诸多事物，这些事物都有其内在的价值"。他相信艺术的精神性，也亲身体验过艺术作品所带来的升华。"它让我们感到自己成为某个更伟大东西的一部分，而我们并不了解这伟大的东西究竟是什么。我深受这种非理性的、心灵的或精神的元素所着迷。"

教堂屋顶有一开口，任由天光洒进、雨水落下，墙上还有无数孔隙让光线漫射进入堂内，形成的微弱光点有如宇宙中的星辰

阳光、空气、雨水在我们的生活中触手可及，我们却常对它们视而不见。建筑大师深谙人性，将这些大自然元素集中在一个称作教堂的狭小空间里，让它随时间、天候自然运转。而总认为真理在远方、在圣人口中、在大师手上的人们长途跋涉来到这里，在大自然的魔力笼罩下，那顽强的"自我"无力与天地拼搏，于是甘愿平静下来，不再骚动。我们说这样的建筑，其实已超越了物性、感性、理性、觉性，进入灵性层次，人们因它而获得了心灵上暂时的安顿与自由。

Steilneset Memorial

女巫审判案受害者纪念馆

Architects：Peter Zumthor & Louise Bourgeois

Location：Valdo · 挪威

Completion：2011

　　2012年仲夏，去一个对我来说是天涯海角的地方，北极圈内，挪威芬马克郡（Finnmark）的小岛Valdo，为了一座撼动心灵的"女巫审判案受害者纪念馆"。该馆由Peter Zumthor和艺术家Louise Bourgeois合作设计，于2011年6月落成。

　　永昼的七月天，温度只有10度，我穿着外套有备而来，但下了车仍觉得冷，还好眼前大片白色草花转移了我的注意力。花草后方就是纪念馆，分成两部分，一是点状黑色的方型构造物，另一是线状米色的长型构造物，再后面是大海。挪威典型的峡湾，海面平静，无拍岸大浪，深吸一口气，没有惊奇，只有不知身在何处的莫名。

纪念馆位于北极圈内的挪威小岛上，分两部分，一是点状黑色的方型构造物，另一是线状米色的长型构造物

2006年，Zumthor和Bourgeois受芬马克郡之邀设计纪念馆，94岁的Bourgeois不便前往基地勘察，请Zumthor先行作业，再将设计想法告诉她。Zumthor察觉这里天候恶劣，土地荒芜、粗糙，没有树木景观，待有了对应的初步构想后，他将草图发给Bourgeois。Bourgeois看了很喜欢，但觉得Zumthor已将设计做完，没有她的空间，需要另提构想。Zumthor得知后想放弃自己的想法，Bourgeois认为不妥，请他保留，于是就有了一点一线的两个构造体。

Zumthor设计的木头框架有一百多米长，中间悬吊的纪念廊由织物包裹着，底下生机勃勃。高脚构造物无意霸占土地，只是轻触大地，让小花小草生长，改善原有的荒芜；无意和大自然对抗，留有足够的间隙让风雪来去；不争取永生，木头和织物会随

黑色玻璃方屋内是Bourgeois的装置，一个混凝土空心锥，中间摆放一把金属座椅，火苗不断从椅面中喷出，天花板上悬挂七面圆镜像审讯般集体对准椅子。七面镜子，七个封印，上帝用七天创造宇宙，七也是质数，有根本之意

时间消逝回归大地；它只是尽力做好自己，找到生存时的最佳平衡。

推开厚重的木门，一条不见尽头的幽暗长廊，两侧有错落高低不一的小窗，每个窗口都有一盏灯，旁边吊挂一片布牌，上面记载受害者当时被迫的忏悔和供词。小窗共91个，代表被处死的91人。这事件源自欧洲中古世纪黑暗时期，当时有所谓猎巫运动，大力缉捕"女巫"进行迫害。懂巫术其实是懂医术，只不过巫师用的方法不在一般医学常识、理性常识，甚至宗教常识范围内。在神权统治时代，巫和神本质上其实差不多，只是神代表好的，巫是坏的，由于神权大于巫权，被指为巫就完了。相较于男巫，女巫反抗能力差，因此可以借打击女巫来恐吓老百姓，利用人性自私猜忌恐惧的弱点，达到更高的神权统治。17世纪猎巫运

动其实已接近尾声，但不幸的是，在芬马克这地方仍有91人被指为巫而遭到火刑处死，其中11名为男性。

　　走出长廊，来到黑色玻璃方屋，里面是Bourgeois的装置，一个混凝土空心锥，中间摆放一把金属座椅，椅面上有几个孔洞，火苗不断从中喷出，天花板上悬挂七面圆镜像审讯般集体对准那把椅子。七面镜子，七个封印，上帝用七天创造宇宙，七也是质数，有根本之意。天地之间，你我本无多大差异，可我们硬要分别，非我族类，其心必异，那就问题重重。

　　四百年前被认定有罪的人，今天还以公道，为他（她）们盖纪念馆，那么现在我们的诸多看法，四百年后的人是否也会将它推翻呢？"想法"究竟有多少用处？镜子里的影像是扭曲的，让人看见自身的恐惧、不安、怀疑、猜忌、贪婪、嗔恨、傲慢。临别回首，再看一眼花草、海水、岩石、天空，还有附近的小屋、教堂、墓园，以及那座恰如其分，织物包裹，木头架高，世间独一无二的纪念长廊。

Zumthor设计的木框架有一百多米长，中间悬吊的纪念廊由织物包裹着，底下生机勃勃。高脚构造物轻触大地，让小花小草生长，改善原有的荒芜